鸡肉供应链
质量协同控制机制

JIROU GONGYINGLIAN
ZHILIANG XIETONG KONGZHI JIZHI

安玉莲◎著

知识产权出版社

全国百佳图书出版单位

——北京——

图书在版编目（CIP）数据

鸡肉供应链质量协同控制机制/安玉莲著. —北京：知识产权出版社，2021.10
ISBN 978 - 7 - 5130 - 7661 - 6

I. ①鸡… II. ①安… III. ①鸡肉制品—供应链管理—质量控制—研究 IV. ①TS251.5

中国版本图书馆 CIP 数据核字（2021）第 167435 号

内容提要

从供应链管理的角度看，肉鸡养殖场（户）与屠宰加工企业间不能实现质量协同控制是导致鸡肉质量安全问题的关键因素。本书在论证供应链环境下鸡肉质量形成过程及其影响因素、质量协同控制基本问题的基础上，重点从现状描述性分析、影响因素计量分析、形成与实现机制、实现条件和对策建议等方面，研究鸡肉供应链中养殖与屠宰加工环节质量协同控制机制的相关问题。本书可供相关研究者和从业者参考。

责任编辑：安耀东 　　　　　　　　责任印制：孙婷婷

鸡肉供应链质量协同控制机制
JIROU GONGYINGLIAN ZHILIANG XIETONG KONGZHI JIZHI

安玉莲　著

出版发行：	知识产权出版社有限责任公司	网　址：	http://www.ipph.cn
电　话：	010 - 82004826		http://www.laichushu.com
社　址：	北京市海淀区气象路 50 号院	邮　编：	100081
责编电话：	010 - 82000860 转 8534	责编邮箱：	anyaodong@cnipr.com
发行电话：	010 - 82000860 转 8101	发行传真：	010 - 82000893
印　刷：	北京中献拓方科技发展有限公司	经　销：	各大网上书店、新华书店及相关专业书店
开　本：	720mm × 1000mm　1/16	印　张：	12
版　次：	2021 年 10 月第 1 版	印　次：	2021 年 10 月第 1 次印刷
字　数：	200 千字	定　价：	78.00 元

ISBN 978 - 7 - 5130 - 7661 - 6

前　言

　　鸡肉口感细腻，味道鲜美，营养丰富，自古以来就是人们喜爱的佳肴。随着生活水平的提高，我国人民对鸡肉的需求不断增长。但是伴随着鸡肉需求量和产量的快速增长，鸡肉质量安全问题日渐凸显，不仅影响了消费者的身心健康和人们美好生活的实现，也影响着肉鸡养殖行业的发展及竞争力的提升。导致鸡肉质量安全问题的原因很多，从供应链管理的角度看，养殖与屠宰加工环节的质量控制活动不规范，肉鸡养殖场（户）与屠宰加工企业间不能实现质量协同控制是关键。本书依据供应链质量管理理论，借鉴畜产品供应链质量控制课题组❶前期的研究成果，综合运用系统分析、统计分析、结构方程计量模型分析、熵变模型分析、博弈分析和数据模拟仿真等方法，在论证供应链环境下鸡肉质量形成过程及其影响因素、质量协同控制基本问题的基础上，重点从现状描述性分析、影响因素计量分析、形成与实现机制、实现条件和对策建议等方面，研究了鸡肉供应链中养殖与屠宰加工环节质量协同控制机制的相关问题。主要研究结论如下。

　　依据鸡肉的生产工艺流程，阐明了供应链环境下鸡肉质量的形成过程与影响因素、标准与关键特性，提出并论证了鸡肉供应链中养殖与屠宰加工环节质量协同控制的概念与内涵、目标与标志、层次与内容。研究结果表明：鸡肉供应链是一种纵向一体化与横向一体化相结合的管理模式，供

---

　　❶ 国家社会科学基金资助项目《基于供应链的畜产品质量控制策略研究》，项目编号：15BGL136.

应链环境下的鸡肉具有产品整体属性，其质量标准除具有食品的感官指标、理化指标和微生物指标外，还有品类指标、营销指标、诚信指标和服务指标；为保障鸡肉质量，必须开展可以覆盖从养殖到屠宰加工，最后到销售环节的全过程质量协同控制；养殖与屠宰加工环节质量协同控制的内容涉及环境维护、投入品来源、检疫检验、档案管理、动物福利和设施配置等方面。

利用来自9省的836份问卷调查数据，实证分析了肉鸡养殖场（户）和屠宰加工企业对质量控制标准重要性的认知、质量控制水平现状，运用结构方程模型分析了肉鸡养殖场（户）与屠宰加工企业质量协同控制的影响因素。研究结果表明：肉鸡养殖场（户）与屠宰加工企业对质量控制标准重要性认知协同水平较高，对质量标准的了解程度以及所采用的质量标准协同状况较差；屠宰加工企业在环境维护等6个方面的质量控制水平总体上优于肉鸡养殖场（户），双方质量协同控制状况较差。肉鸡养殖场（户）与屠宰加工企业质量协同控制水平受经营特征、环境特征和协同控制认知特征显著的正向影响；肉鸡养殖场（户）的标准认知特征、经营特征、决策者特征及环境特征对协同控制认知特征有显著的正向影响；肉鸡养殖场（户）经营特征和决策者特征对标准认知特征有显著的正向影响。

运用因果分析法、图析法和耗散结构理论中的熵变模型，结合实地调研数据，剖析了肉鸡养殖场（户）和屠宰加工企业质量协同控制的形成与实现机制。研究结果表明：肉鸡养殖场（户）与屠宰加工企业实施质量协同控制的动力来自降低风险、提高质量、增加收益，信息流和价格发挥传导作用，公平合理的利益分配机制、先进的经营理念和成熟的消费理念、健全的社会化服务体系、自主的行业协会发挥促进作用，健全的管理制度、严格的质量标准、充分的信息共享、健全的法律法规和完善的监管体系发挥保障作用。动力机制和传导机制构成主导机制，促进机制和保障机制构成辅助机制；增加负熵流和减少正熵流是促进两环节质量协同控制水平不断提高、实现质量协同控制效应的根本途径。

借鉴供应链质量控制问题相关研究成果，考虑供应链环境下鸡肉质量形成的动态性，运用博弈模型和数据模拟仿真技术，分析并验证了在纳什非合作博弈、斯塔克尔伯格主从博弈以及协同合作博弈模式下，肉鸡养殖场（户）与屠宰加工企业的最优质量控制水平，明确了双方质量协同控制的实现条件。研究结果表明，协同合作博弈模式下，肉鸡养殖场（户）和屠宰加工企业的质量控制水平与鸡肉供应链的最优值函数均大于分散博弈模式下的质量控制水平与最优值函数；当且仅当供应链总体利润分配系数满足一定条件时，肉鸡养殖场（户）和屠宰加工企业的个体利润达到帕累托最优，双方实现质量协同控制。

基于前文研究结论，从肉鸡养殖场（户）、屠宰加工企业、政府、行业协会和消费者5个层面提出了促进肉鸡养殖场（户）与屠宰加工企业实现质量协同控制的对策建议。具体包括：肉鸡养殖场（户）应该提高自身文化水平，提升经营特征，完善企业制度，同时加强与屠宰加工企业的沟通和交流；屠宰加工企业应该加强信息化建设，建立合理的利益分配和惩罚机制及协同度评价体系；政府应该出台更多的行业支持政策，尽快完善鸡肉产品质量监管的法律法规体系，理顺监督管理体系，完善质量追溯制度；行业协会应出台协会质量标准，加强信息披露和监督职能；消费者应该培养成熟的消费理念，提高维权意识和社会监督意识。

目　录

第 1 章

绪 论

1.1 研究背景、目的与意义

鸡肉是重要的畜产品，因其口感细嫩、营养丰富，长期以来备受我国人民的喜爱，是我国人民重要的食品和营养来源。随着中国经济的发展，人民生活水平不断提高，日常膳食结构发生了重大变化，鸡肉等畜产品的消费需求不断增长。产业信息网的相关数据显示，2018 年，全国鸡肉产量为 1160 万吨，消费量为 1153 万吨，占全球消费总量的 11%，预测未来还会继续增长❶。与此同时，鸡肉质量安全问题依然存在，这些问题给消费者的健康带来了危害，影响消费者美好生活的实现，同时也严重制约了中国肉鸡养殖产业的发展及其国际竞争力的提升。

影响鸡肉质量安全的因素众多，从供应链管理的角度来看，主要原因在于鸡肉的生产过程分散于养殖、屠宰加工、销售的不同环节和不同企业，难以实现一体化的质量管理和控制。①肉鸡养殖环节。目前我国各地肉鸡养殖主体中有大量规模较小的养殖户，养殖行为不规范，存在养殖环境不达标、滥用或非法使用兽药及违禁药品、兽药残留超标等诸多质量问题。②肉鸡屠宰加工环节。在此环节，由于卫生条件不达标、操作不合规范导致污染。③鸡肉销售环节。超市和专卖店是目前我国鸡肉产品的主要销售渠道，也存在操作和管理不规范、卫生条件不达标等现象。这些问题

---

❶ 从全球鸡肉消费量来看，中国人均鸡肉消费量远远低于美国、日本等发达国家。

背后更深层次的原因在于鸡肉供应链各行为主体组织化程度低（养殖环节更加突出），自我管理能力差，上下游间信息沟通不畅，质量标准和质量控制缺乏协同性。因此如何加强鸡肉供应链各行为主体的质量控制，如何在各行为主体间形成完善的质量协同控制机制，促进肉鸡养殖场（户）、屠宰加工企业和超市之间质量协同控制成为解决我国目前鸡肉质量问题的关键所在。

鸡肉质量安全问题受到国内外学术界的普遍关注。从世界范围来看，实施供应链质量协同控制，被业界普遍认为是保障鸡肉质量安全的有效途径。作为国家社会科学基金资助项目"基于供应链的畜产品质量控制策略研究"（项目编号：15BGL136）的部分内容，本研究以肉鸡养殖和屠宰加工环节为例，深入系统地分析鸡肉供应链质量协同控制机制，从鸡肉概念、鸡肉质量形成过程、质量控制等理论入手，综合运用系统分析、统计分析、结构方程计量模型、熵变模型、博弈和系统仿真等方法，在论证供应链环境下鸡肉质量形成过程及其影响因素、质量协同控制基本问题的基础上，重点从现状描述性分析、影响因素计量分析、形成与实现机制、实现条件和对策建议等方面，研究鸡肉供应链中的养殖与屠宰加工环节之间质量协同控制机制的相关问题。

本研究的理论意义在于：通过理论分析，明确肉鸡养殖场（户）与屠宰加工企业间质量协同控制的概念与内涵、目标与标志、层次与内容；通过实证研究，明确实现肉鸡养殖场（户）与屠宰加工企业质量协同控制的影响因素及作用途径；通过质量协同控制机制剖析，科学回答肉鸡养殖场（户）与屠宰加工企业间质量协同控制的形成过程与影响因素；通过博弈分析，明确肉鸡养殖场（户）与屠宰加工企业间质量协同控制的实现条件。这些研究成果可为实现鸡肉供应链质量协同控制，保障鸡肉质量安全提供理论依据。本研究的现实价值在于：肉鸡养殖场（户）与屠宰加工企业的实证分析、质量协同控制机制剖析以及质量协同控制实现条件的结论可以为鸡肉供应链构成主体科学制定质量协同控制策略提供现实依据，为相关职能管理部门、行业协会等提供理论参考，加快实现更加完善的鸡肉质量安全市场环境和法律环境。

1.2 国内外研究文献综述

本研究的主题是鸡肉供应链质量控制问题。基于本研究的主题、目标与内容，下文将从一般供应链质量控制、食品（畜产品）供应链质量控制、鸡肉供应链质量控制三个层面梳理国内外相关研究文献，旨在明确把握本领域国内外研究的现状、趋势及不足，找准本研究的切入点。

1.2.1 供应链质量控制研究

1.2.1.1 国外研究现状

有学者在 20 世纪 80 年代提出了供应链的概念，随着理论和实践的发展，20 世纪 90 年代供应链质量管理开始受到关注，21 世纪供应链质量管理逐渐成为国外供应链管理研究的热点问题。

国外学者关于供应链质量控制的研究可分为两个方向：一个方向是通过研究供应链主体间的质量契约约束或激励来实现供应链质量控制；另一个方向是通过研究供应链主体间的质量最优策略选择来实现质量控制。

1）供应链主体间质量契约研究。

纳拉亚南（Narayanan）和拉曼（Raman）（2004）认为信息和信任共享的契约是管理关系和协调激励的最有力方式之一。雷尼耶（Reyniers）和泰培罗（Tapiero）（1995）较早地研究了在非合作博弈下，供应商和制造商双方合同设计中产品质量缺陷导致的罚金分配比例是如何影响均衡行为的，并考察了能够导致双方协同合作的具体的合约参数。众多学者从产品质量成本分担和收益共享角度来讨论质量控制的实现。查尔斯（Charles）（2002）认为供应链质量合约应该包括供应商和买方之间的产品质量惩罚合约与产品质量担保合约等，以明确双方责任。朝（Chao）、依拉瓦尼（Iravani）和贾南（Cananr）（2009）利用超模博弈理论的观点探讨了制造商与供应商之间可通过共同分担产品召回成本来约束双方改进质量控制投入；设计了选择性根本原因契约 S 和完全根本原因契约 P，两者均能达到最大努力水平，但契约 S 能为制造商和供应链带来更高的利润。姚（Yao）、梁（Leung）和来（Lai）（2008）、科比特（Corbett）等（2005）指出在协同合同供应链中，收益分配比例和价格是决策变量，具有更好的激励效果，这种模式比单纯以价格为基础的机制更加有效和灵活。高（Gao）等（2016）构建了两阶段供应链质量改进努力协同，认为在供应商的质量水平不可观察时，最优外部分担率要求供应商对制造商的过失承担一定的责任；然而，在供应商和制造商的质量水平均不可观测时，最优分担率要求供应商不对制造商的过错承担责任。阿莎玛（Asama）（2019）等提出了全面质量成本优化分配模型研究，结果表明，质量成本的最高部分应分配给零售商梯队，而最低部分应保留在制造商梯队；与制造商和供应商相比，零售商应始终保持最高质量水平。

2）供应链主体间最优质量选择策略研究。

另外一些学者从供应链信息不对称的角度来研究供应链主体的质量控制策略。高登（Gauder）等（1998）研究在信息不对称条件下，应用最优控制理论来选择激励策略从而提高供应链质量控制水平。斯塔伯德（Starbird）（2001）综合考虑了运用惩罚、奖励以及检验等手段来弱化供应链中的逆向选择问题，从而实现供应链质量控制。白曼（Baiman）等（2001）认为供应链中供应商质量预防决策和销售商质量评价决策会影响产品质量控制，并建立了产品质量决策控制模型。科比特等（2000）、李（Li）等（2006）、周（Zhou）（2007）研究了在信息不对称条件下供应商的最优折扣政策对质量控制行为的激励作用；周（Zhou）（2007）进一步设计了四种数量折扣定价方案，通过计算发现固定边际利润率折扣方法最具有激励作用。谢（Hsihe）等（2010）设计了单一供应商和单一制造商在四种不同程度信息不对称下的非合作博弈，研究供应商和制造商质量投资策略和质量检验水平策略选择。

1.2.1.2 国内研究现状

国内学者对于供应链质量控制问题的研究也可分为两个大方向：一是通过研究和解决供应链中信息不对称来控制产品质量；二是通过研究合理的合同设计来实现质量控制。

1）供应链信息不对称问题研究。

针对供应链中信息不对称来研究质量控制问题较早的学者是黄小原和卢震（2003），他们利用委托代理理论研究了供应链质量控制中非对称信息条件下的逆向选择问题，提出供应链质量控制的激励策略；李丽君、黄小原和庄新田（2005）、周明等（2006）均运用委托代理理论和模型研究信息不对称下的质量控制问题：周明等验证了合同设计对供应商和制造商质量预防和质量检测决策的影响；李丽君等提出在销售商检测出和未检测出不合格产品两种情况下，销售商可确定两种最优的惩罚水平，激励供应商和销售商付出相应的预防和评价。尤建新和朱立龙（2010）则研究了供应链中存在单边道德风险（供应商和购买商）时的质量检验水平、内部损失、外部损失的分摊比例，而双边道德风险时供应链的期望损失值最大，应尽量避免。

运用博弈模型来分析供应链质量控制策略是另外一个方向。洪江涛和黄沛（2011）应用博弈方法研究了由单一制造商和单一供应商组成的两级供应链上的质量控制协调机制，认为相较于其他结构，协同质量控制博弈结构是最优的。朱立龙、于涛和夏同水（2013）基于博弈论和委托代理理论，设计了两级供应链产品质量控制契约模型，结果表明当生产商的质量投资水平提高时，其质量预防水平将显著提高，购买商的质量检验水平将显著下降；当购买商质量检验水平提高时，生产商所提供的价格折扣额先增大后减少，生产商所承担的外部损失分摊比例将会下降。

2）供应链主体契约研究。

部分学者认为通过构建供应链主体间的激励机制和惩罚机制可避免质量问题。石丹和李勇健（2014）比较了二级供应链中正式契约治理和契约与关系混合治理两种机制，认为关系与契约混合治理在有效范围内能够将制造商和供应商紧密地联系起来，通过共同的质量努力获得比正式契约治理下更大的利润。姜金德、李帮义和周伟杰等（2015）构建了基于品牌商检测水平有限和制造商分担外部损失比例的质量控制模型，认为供应链质量控制者应该根据品牌商检测水平、制造商分担外部损失比例和惩罚机制的变化来调整自身的最优质量控制策略。肖迪、胡军等学者则注重契约中的收益分配对实现供应链质量控制的影响：肖迪和潘可文（2012）运用博弈模型研究了单个供应商和单个零售商构成的供应链，认为当销量变动对质量改进的敏感程度较高时，收益共享契约的协调效果较好；胡军、张镓和芮明杰（2013）研究了在市场需求和质量互动环境下的供应链协调契约模型，认为不同类型的契约模式，比如收益共享、奖励惩戒、特许经营等有利于供应链协调运行，并有利于供应链各主体控制产品质量。顾文婷和张玉春（2017）运用系统动力学方法研究正式契约和关系契约，认为正式契约缺乏"自我实施"的约束力，而关系契约在一定条件下更具有"自我实施"的软约束力。

1.2.2 食品（畜产品）供应链质量控制研究

1.2.2.1 国外研究综述

20世纪90年代中期，祖比尔（Zuurbier）（1996）等学者在一般供应链的基础上首次提出了食品供应链概念，认为供应链模式能够提高食品的质量安全水平。卡斯威尔（Caswell）（1998）、斯塔伯德（2000）、汉森（Henson）（2001）等人指出实现食品质量安全需要注重源头治理，加强贯穿食品链所有环节的全过程质量管理。哈延加（Hayenga）等（2000）、马丁（Martin）（1997）研究表明，纵向协调降低了供应链中的数量和质量风险，并提高了效率。

国外不少学者从信息不对称角度来研究供应链管理中的食品质量安全问题，取得了一系列理论与实证研究成果。克鲁斯曼（Grossman）（1981）提出信誉机制是解决农产品质量信息不对称的有效途径之一，通过建立信誉机制能够形成一个独特的高品质、高价格市场均衡而不必由政府来解决农产品市场的质量安全；斯塔伯德（2001）提出鉴于质量信息在供应链上的不对称，应该建立食品供应链契约并追究生产者的责任进行惩罚。科茨博格（Ketzenberg）等（2008）研究了两级供应链中卖方和供应商之间信息共享的价值，通过多次实验表明，信息共享不仅可以提高双方的利润，还可以通过提高产品的新鲜度来惠及客户。

卢西安诺（Luciano）（2002）研究了食品供应链的设计要素，包括领导者、利润分配及供应链的适应性在保证食品质量方面的作用。斯塔伯德等（2006）建立了供应商的期望成本模型，用于确定供应商交付未受污染产品的动机条件。结果表明，当安全故障成本可以分配给供应商时，需要最低水平的检查误差来激励供应商；当成本无法分配给供应商时，此结果不成立。阿乌马达（Ahumada）（2009）认为监控食品供应链的运作是实现食品安全的有效手段。张（Zhang）等（2015）等研究了变质率可控的变质物品两级库存模型，设计并推导出分散决策模型和集中决策模型的最优决策，发现两级供应链可以通过收益共享和合作投资契约进行协调，并且只有当收益分成率在 $1/2 \sim 3/4$ 时，契约才能完美地协调供应链。阿色瓦塞姆（Asirvatham）等（2018）强调了开放的市场结构及契约对于食品供应链保障产品质量的价值和影响。

国外学者注重通过信息手段来解决食品供应链中的信息追溯问题从而达到控制产品质量的目标。戈兰（Golan）（2004）等认为可追溯系统对于食品安全和质量控制是必需的，因为能够有效地帮助企业发现有质量缺陷的产品并找到原因。温弗里（Winfree）等（2005）研究表明在缺乏可追溯性的情况下，企业选择的质量水平就集团的集体声誉来讲是次优。海丽娜（Helena）（2010）提出公司投资可追溯系统的动机是潜在地减少生产及流通不安全食品或劣质食品，从而最大限度地降低不良宣传、责任和产品召回的风险。特恩尼肯（Trienekens）等（2012）认为推进食品供应链信息透明度是实现食品安全的关键，而食品安全标准、供应链治理机制和信息共享是重要手段。蒂姆（Tim）等（2012）阐述了零售端使用 RFID（Radio Frequency Identification，射频识别）和 DDM（Direct Drive Machine，直驱变频）技术在实现信息追溯和保证食品质量方面的意义。王（Wang）等（2013）将供应链动态交互式探索系统引入食品安全管理，运用先进的计算机技术对数据进行分析，从而为公众提供食品供应链中的信息。伍德斯（Woodas）等（2015）针对食品供应链信息的分散性，提出构建联合性的食品安全代理系统。

1.2.2.2 国内研究现状分析

20 世纪 90 年代中后期开始，我国学者开始供应链管理理论的应用和研究，并且重点研究制造业、零售业和流通领域。进入 21 世纪以后，供应链管理相关的理论和方法拓展到了农产品的生产和流通，其中农产品质量安全与质量控制是研究的重要领域之一。这方面的文献可分为三个研究方向。

1）供应链与农产品（畜产品）质量安全的关系。

在农产品供应链研究的初期，实施供应链管理与保障农产品（食品）质量安全之间的关系是重点研究方向，许多学者提出要实现农产品（食品）质量控制，提升安全水平，提高中国农产品的国际竞争能力，实施农产品（食品）供应链管理是有效途径。

王秀清和孙云峰（2002）较早提出为解决食品安全问题，我国应尽快构建农产品供应链，实现对农产品和食品的生产与流通环节的联合管制。戴化勇和王凯（2007）提出产业链管理行为对企业质量安全管理效率有显著影响，企业应积极加强产业链管理以保证农产品的质量安全。杨伟民和胡振寰（2008）认为我国农产品供应链利益分配的不均衡性导致了博弈关系的不均衡性，食品安全问题的共同之处就在于中国农产品供应链上缺乏有效和可靠的管理机制。李秉龙（2008）、周应恒（2008）等认为我国食品供应链的复杂性导致了行为主体及产品信息的不对称，从而导致食品安全市场供需不平衡。李富龙和徐丙臣（2013）提出现代畜产品供应链安全体系的核心是打造基于质量安全的畜产品供应链管理模式。

2）畜产品供应链质量控制和保障策略。

随着对畜产品供应链质量安全研究的深入，我国学者开始转入对畜产品供应链质量控制和保障策略的研究。

部分学者重点研究供应链核心企业在质量控制和保障机制的地位和意义。张煜和汪寿阳（2010）、彭建仿（2011）、张蓓（2015）等注重核心企业在保障农产品质量方面的关键地位，认为农产品供应链应由核心企业主导各环节的合作与协调，包括与质量安全紧密相关的物流、信息流的控制与管理，核心企业主导供应链成员共同适应、共同激发、共同合作和共同进化，共同实现农产品质量安全控制。张蓓（2015）提出农产品供应链核心企业质量安全管理的实现路径包括内部控制、外部协调、环境调试。郑红军（2011）则对农产品供应链生产环节的农业龙头企业质量安全控制机理进行研究，提出建立综观控制体系、依法组织生产加工、与农户建立紧密型关系以及社会公众监督是农业龙头企业产品质量安全的重要保证。

有越来越多的学者运用博弈模型从不同的角度来分析畜产品质量控制策略。张东玲和高齐圣等（2008）应用 PERT/CPM （Program Evaluation and Review Technique，计划评审方法；Critical Path Method，关键路线法）的基本思想，提出了基于质量损失的关键质量链分析评价方法。孙世民和张园园（2016）构建了基于养殖档案的畜产品供应链质量控制信号博弈模型，认为畜禽养殖场户的虚假养殖档案伪造成本和屠宰加工企业的质量检验成本是决定信号博弈均衡状态及其演变方向的两个关键因素。彭玉珊和张园园（2017）运用演化博弈模型研究政府与畜产品供应链之间质量控制的演化稳定策略及路径，表明政府和畜产品供应链之间质量控制的演化方向和目标明显受政府的控制成本和收益、对管理部门和生产企业的惩罚力度等因素的影响。王瑞梅、邓磊和吴天真等（2017）构建了以核心企业为主导的动态博弈模型，结果显示集中决策下的供应链整体优于核心企业主导的供应链。安玉莲、孙世民和夏兆敏（2019）、费威（2019）运用博弈模型研究不同合作模式下供应链成员的策略，认为协同合作博弈是一种集体理性模式（安玉莲等，2019）。

张红霞（2019）运用委托代理理论分析质量控制成本和外部风险条件变化对契约协调的作用，认为只有食品安全事故责任明确时外部损失分担契约才有效，而内部损失惩罚契约则任何条件下都可发挥协调作用。王道平、朱梦影和王婷婷（2019）构建了集中和分散两种生鲜供应链决策模型，认为在促进供应商投入更多保鲜努力方面，纳什讨价还价下的成本共担契约比传统契约更为有效。

部分学者注重研究供应链信息系统在质量控制过程中的应用。王善霞（2006）提出食品供应链是构架可追溯体系的基础，通过追溯系统在供应链上集成从而实现供应链信息的传递和共享。袁胜军（2011）提出基于信息网链的畜产品供应链信息管理的模型可以提高畜产品供应链的整体效益和畜产品的质量安全可追溯水平。郑火国（2012）侧重分析信息的运行和沟通对质量控制的作用，构建食品安全追溯链模型。王瑞梅、邓磊、吴天真等（2017）研究发现企业的信息发送成本越低，则核心企业和上游供应商的追溯信息发送量越大，收益越高。黄小可（2019）提出通过将区块链技术与畜产品安全追溯系统结合起来降低传统追溯系统的中心化程度，从而保证追溯数据的完整性和真实性。张子健、胡琨（2019）认为供应链安全追溯系统分为生产活动可视化和质量安全事故处理两个阶段，供应链产品质量控制最终效果取决于这两个不同阶段供应链各方所付出的努力程度。

3）畜产品供应链组织模式与质量安全。

供应链的组织模式会影响其合作成员之间的关系，影响质量控制水平。汪普庆和周德翼（2009）强调畜产品供应链的组织模式对产品质量的影响，认为农产品供应链的纵向协作越紧密（一体化程度越高）产品的质量安全水平就越高；刘佳（2015）通过从全产业链的角度分析，认为企业质量安全控制能力及全产业链合作共赢的利益分配机制是畜产品质量安全的重要条件。季天荣（2011）通过对供应链中的产销一体化类型进行系统的归类，提出产销一体化是实现食品安全的一种有效途径。胡凯和马士华（2013）进一步提出，实施供应链一体化生产比较困难，而采取品牌收益共享策略可以使供应商提供更优质的产品，同时能够提升供应链及各节点的利润。浦徐进、蒋力和刘焕明（2012）则认为"农超对接"模式的供应链能够更好地控制农产品的质量。谢康、赖金天和肖静华（2015）提出社会共治体制的概念，可追溯体系、有效的组织形式和双边契约形成混合治理，能够实现食品供应链质量的有效协同。

1.2.3　鸡肉供应链质量控制研究

1.2.3.1　国外研究现状

国外专门从供应链的角度来研究鸡肉质量控制的文献并不是很丰富。散见的文献中发现有些学者从鸡肉生产组织模式的角度分析鸡肉供应链质量控制问题。珍妮特（Janet）（1999）、斯蒂夫特（Stevt）（1999）研究了美国鸡肉生产的组织形式，美国肉鸡养殖聚集地产业集中度和一体化程度很高，多数由屠宰加工企业主导供应链，业务范围延伸至饲料生产和祖代父母代育种环节，通过不断改进生产合同来加强与养殖户的合作和监督。康斯坦提诺思（Konstantiinos）（2009）研究了法国鸡肉生产的组织形式，不同于美国的一体化，法国的肉鸡养殖户通过长期合同，按照协议规定的时间、质量和数量提供肉鸡，与加工企业、孵化场等形成联盟性质的生产结构，也可以实现鸡肉质量控制。米格尔（Miguel）（1996）研究了巴西肉鸡生产模式，巴西的肉鸡养殖户规模小，数量众多，肉鸡加工企业承担了更多的鸡苗、饲料、技术、兽医和其他服务，养殖户只是根据固定的饲料使用量和死亡率指标来获得报酬，也实现了鸡肉质量控制。

夏沃（Schiavo）等（2018）调查了巴西南部大都市地区的餐厅、屠宰场、超市和便利店，通过对餐饮业与零售业流程步骤的比较研究，发现配送、切割、包装是连锁经营中冷冻鸡肉的关键流程步骤。塞钦（Cechin）（2013）发现在巴西肉鸡行业，向合作社供货的供应商在质量上的表现比向国际肉鸡联合会供货的供应商要好。通过调查发现，合作农户在依赖性、行为不确定性、市场风险降低、适应支持等关系特征上存在显著差异，是导致产品质量差异的主要原因。

1.2.3.2　国内研究现状

我国鸡肉供应链质量控制的文献数量不多，研究的方向可分为两个：一是从产业组织理论的角度来研究鸡肉质量控制问题，二是研究影响鸡肉质量控制的因素。

谭明杰和李秉龙（2011）通过比较分析认为产业集聚、市场集中、一体化生产的组织形式是保障鸡肉质量安全控制的必要条件。冷静（2007）研究了在"公司+养殖户"普遍存在的条件下，公司与养鸡协会、公司与养殖户两种委托代理关系及其最优合同。宁璟（2009）研究了跨国鸡肉供应链并构建了声誉模型，证明了利用声誉租金激励供应链成员披露真实信息具有较高的可信性。赵志华（2009）认为设定切实有效的CCP（Critical Control Point，关键控制点）和OPRP（Operational Prerequisite Program，操作性前提方案），制定可追溯性系统、完备的召回机制和突发事件应急响应预案，覆盖全程的质量安全监管，可以实现鸡肉质量控制。张杰（2016）分析了肉鸡产业组织模式，认为肉鸡养殖户的生产养殖阶段对鸡肉产品质量安全极为重要，并发现养殖户不同的垂直协作形式对其质量控制行为有显著影响。

研究影响鸡肉质量的直接因素的文献比较多，比如农药残留和重金属（刘栋，2004）、饲料质量和外界应激（徐日峰等，2013）、屠宰加工厂的宰杀工艺对鸡肉质量的影响（孙京新等，2009）。从供应链的角度研究鸡肉质量问题的文献并不多见，具有代表性的主要有以下几个。费威（2013）构建了一种关系模型，解析了鸡肉供应链各行为主体的质量行为选择及其影响因素。余伟等（2015）总结了冷鲜鸡供应链各个环节存在的风险因素；吴海峰（2018）提出饲养环节中的饲养环境、饲料污染、兽药滥用、饲养者的观念是影响鸡肉质量的重要因素。季天荣等（2018）提出了评价冰鲜鸡的质量指标，认为影响冰鲜鸡质量的关键因素有温度、时间和微生物，指出加强监管、制定冰鲜鸡行业标准是重要措施。刘铮、王波和周静等（2017）运用Logit模型对调查问卷进行检验，发现影响肉鸡养殖户质量安全控制行为的因素中养殖户的受教育程度和养殖规模属于深层次根源因素。欧阳儒彬、辛翔飞和王济民等（2019）构建了质量成本函数模型，对我国肉鸡质量成本弹性及质量进行测算，认为我国提高肉鸡质量和产出数量是规模经济的，规模化养殖水平能够提高肉鸡质量。

1.2.4　已有观点与主要不足

1.2.4.1　目前已有的观点

（1）供应链主体之间通过制定各种契约来约束和激励供应链成员的质量控制行为。运用委托代理理论和模型来研究单一供应商和单一购买商构成的二级供应链质量控制中的逆向选择问题，认为通过制定合理的产品质量惩罚合约、公平的收益分配比例、适当分担产品召回成本或内外部损失等策略，可以对供应链主体进行适当的约束或激励，避免或者弱化逆向选择问题。运用博弈模型研究供应链质量控制策略，认为协同合作博弈是一种集体理性模式，加强供应链成员间的纵向沟通和协作可以降低供应链质量风险。

（2）农产品（畜产品）供应链组织模式对供应链质量控制水平影响重大。农产品（畜产品）供应链的纵向协作越紧密，产品的质量安全水平就越高。国内外学者普遍认为，在养殖户数量众多、规模较小的条件下，由屠宰加工企业担当核心企业，并对养殖户进行一体化的管理，比如提供鸡苗、饲料、技术、兽医和其他服务；当肉鸡养殖场规模较大，市场集中度较高时，屠宰加工企业更适合通过合同形式来控制肉鸡养殖场的质量行为；规模化养殖水平能够提高畜禽产品的质量。

（3）运用信息技术，实现供应链信息共享，构建质量追溯体系，是实现畜产品供应链质量控制的重要手段。通过信息和信任共享，能够有效地帮助企业发现有质量缺陷的产品并找到原因，减少不安全食品或劣质食品的生产和流通，有利于维护企业声誉，同时也可以增加供应链收益。

1.2.4.2　主要不足

鸡肉质量的形成过程具有动态性和长期性的特点，而散见的鸡肉供应链质量控制研究文献最大的不足之处在于大多数学者都忽视了鸡肉质量形成的动态性和长期性这一自身特性。具体来讲存在以下三个方面的不足。

（1）鸡肉供应链中养殖与屠宰加工环节质量协同控制的实证研究不足，包括鸡肉供应链质量协同控制的现状、存在的问题及其影响因素等。只有对我国肉鸡养殖场（户）及屠宰加工企业的实际运行状况有了充分的了解和认知，才能够发现影响双方实现质量协同控制的因素有哪些，实现质量协同控制的问题症结在哪里，才能够找到解决此问题的方法和途径。

（2）鸡肉供应链中养殖与屠宰加工环节质量协同控制形成与实现机制的研究较少。对肉鸡养殖场（户）和屠宰加工企业间质量协同控制机制的研究可以进一步明了协同控制的影响因素及其相互间的关系，为后文的对策分析提供理论依据。

（3）鸡肉供应链中养殖与屠宰加工环节质量协同控制的实现条件研究较少。国内有不少学者利用博弈模型研究供应链质量问题，也有不少学者研究畜产品利润分配、召回成本分担的问题，但考虑供应链环境下鸡肉质量形成的动态性，利用博弈模型确定肉鸡养殖场（户）与屠宰加工企业间质量协同控制实现条件的研究需进一步深入。

1.3　研究目标与内容

1.3.1　研究目标

本研究旨在通过研究鸡肉供应链中肉鸡养殖场（户）与屠宰加工企业间的质量协同控制机制，为提高鸡肉产品质量提供理论借鉴与现实指导。本书研究目标包括以下四个方面。

（1）明确鸡肉供应链中养殖与屠宰加工环节质量协同控制的基本问题。依据鸡肉生产工艺流程，厘清供应链环境下鸡肉质量的形成过程、影响因素与关键特性，提出并论证鸡肉供应链质量协同控制的概念与内涵、目标与标志、层次与内容。

（2）描述并解析鸡肉供应链中养殖与屠宰加工环节质量协同控制的现

实问题。基于实地调查数据，运用描述性分析和计量分析方法，描述并解析出肉鸡养殖场（户）与屠宰加工企业关于质量协同控制认知与行为的现状、问题、影响因素及其相互作用关系。

（3）剖析鸡肉供应链中养殖与屠宰加工环节质量协同控制的形成与实现机制。运用因果分析和耗散结构理论中的熵变模型，剖析肉鸡养殖场（户）与屠宰加工企业间质量协同控制的动力机制、传导机制、促进机制、保障机制和实现机制。

（4）明确鸡肉供应链中养殖与屠宰加工环节质量协同控制的实现条件。构建鸡肉供应链质量控制的博弈模型，确定不同博弈模式下肉鸡养殖场（户）与屠宰加工企业的质量控制策略及其协同控制的实现条件。

1.3.2 研究内容

本书的主要研究内容如下。

第 1 章为绪论。从研究的背景和研究的意义展开论述，总结国内外关于供应链质量控制、食品（畜产品）供应链质量控制以及鸡肉供应链质量控制的文献，发现已有研究的不足。以此为基础，提出本研究的目标、内容等。

第 2 章为概念界定与理论阐释。本章界定鸡肉和鸡肉供应链的概念，介绍鸡肉的质量标准与关键质量特性、鸡肉供应链的特征，分析供应链环境下鸡肉质量的形成和影响因素，阐明肉鸡养殖场（户）和屠宰加工企业质量控制的含义和内容，最后分析肉鸡养殖场（户）与屠宰加工企业质量协同控制的基本问题，由此形成本研究的理论基础。

第 3 章为养殖与屠宰加工环节质量协同控制的描述性分析。首先介绍调查问卷的设计和样本来源，其次对肉鸡养殖场（户）和屠宰加工企业对质量标准重要性的认知、标准了解程度及标准采用情况进行描述性分析，然后从环境质量、投入品来源质量、检疫检验质量、动物福利质量、档案管理质量和设施配置质量六个方面的协同控制状况进行了描述性分析。

第4章为养殖与屠宰加工环节质量协同控制影响因素的计量分析。运用结构方程模型分析影响肉鸡养殖场（户）进行质量协同控制的主要因素：首先提出研究假说，认为肉鸡养殖场（户）的经营特征、环境特征、标准认知特征、协同控制认知特征和决策者特征对协同控制水平有显著的正向影响；其次对量表进行信度和效度检验，然后对研究假说和结构方程模型进行检验，并对各因素的作用机理进行验证性分析。

第5章为养殖与屠宰加工环节质量协同控制的形成与实现机制分析。从主导机制（动力和传导机制）、辅助机制（促进和保障机制）两个方面，剖析养殖与屠宰加工环节质量协同控制机制的框架。然后从耗散结构理论熵变模型的视角进一步分析肉鸡养殖场（户）和屠宰加工企业质量协同控制的实现机制，发现对此产生影响的因素及其相互间的关系。

第6章为养殖与屠宰加工环节质量协同控制的博弈分析。考虑供应链环境下鸡肉质量形成的动态性，运用博弈模型和数据模拟仿真技术，分析并验证由单一肉鸡养殖场（户）和单一屠宰加工企业构成的两级供应链中，在纳什非合作博弈、斯塔克尔伯格主从博弈、协同合作博弈三种情况下肉鸡养殖场（户）与屠宰加工企业的最优质量控制决策，确定能够使肉鸡养殖场（户）与屠宰加工企业个体利润达到帕累托最优、双方实现质量协同控制的供应链利润分配系数的取值范围。

第7章为促进养殖与屠宰加工环节质量协同控制的对策建议。从如何营造质量协同控制的环境、如何实施协同控制策略、如何促进和保障质量协同控制的角度，制定基于鸡肉供应链养殖与屠宰加工环节质量控制策略实施对策建议。具体包括肉鸡养殖场（户）、屠宰加工企业、政府、行业协会和消费者五个层面实施质量控制策略、促进协同控制、实现鸡肉质量控制目标的途径与对策建议。

第8章为研究结论与展望。概括、提炼文章研究的主要结论，并对未来研究的方向进行展望，包括肉鸡养殖场（户）与屠宰加工企业质量协同控制水平的评价体系和评价机制研究，以及屠宰加工企业与超市之间的质量协同控制问题研究。

1.4 研究方法与技术路线

1.4.1 研究方法

（1）系统分析法等。综合运用系统分析、归纳演绎等方法，剖析鸡肉供应链的概念、内涵、质量形成过程、质量协同控制等基本问题。

（2）描述性分析方法和结构方程模型。运用描述性分析对肉鸡养殖场（户）和屠宰加工企业调查问卷的结果进行统计分析，发现质量协同控制的现状；运用结构方程模型对肉鸡养殖场（户）与屠宰加工企业质量协同控制的影响因素及影响程度、各因素间的相互作用进行了计量分析。

（3）因果分析法和耗散结构模型。运用因果分析法和耗散结构模型分析肉鸡养殖场（户）与屠宰加工企业间的质量协同控制的形成与实现机制。

（4）博弈模型和模拟仿真技术。运用博弈模型分析单一肉鸡养殖场（户）与单一屠宰加工企业质量协同控制的实现条件；对各参数赋值，运用模拟仿真技术进行数值模拟，用以印证博弈模型及其结论的科学性与准确性。

1.4.2 技术路线

本研究将沿着"供应链环境下鸡肉质量形成与影响因素分析—质量协同控制基本问题—质量协同控制描述性分析—质量协同控制影响因素计量分析—质量协同控制形成与实现机制分析—质量协同控制实现条件分析—质量协同控制的对策建议"的技术路线展开研究。本研究的技术路线如图 1-1 所示。

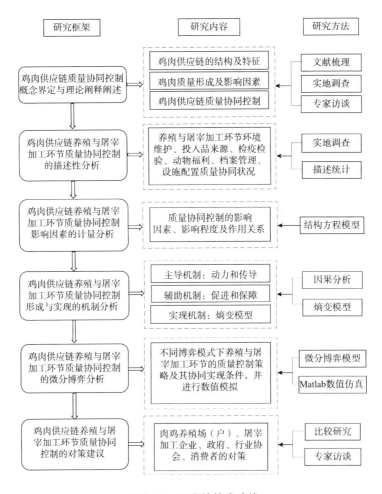

图 1 - 1　研究的技术路线

1.5　创新点与不足之处

1.5.1　创新点

与已有同类研究相比，本研究具有如下三点创新。

（1）基于来自 9 省的 836 份问卷调查数据，运用结构方程模型计量分析了肉鸡养殖场（户）与屠宰加工企业质量协同控制的影响因素及其作用关系。研究结果表明：肉鸡养殖场（户）与屠宰加工企业质量协同控制水平受经营特征、环境特征和协同控制认知特征显著的正向影响，同时经营特征、环境特征和标准认知特征对协同控制水平还有着间接的正向影响；经营特征、标准认知特征、决策者特征和环境特征对协同控制认知特征有显著的正向影响；经营特征和决策者特征对标准认知特征有显著的正向影响。与以往研究相比，将肉鸡养殖场（户）的标准认知特征、协同控制认知特征考虑进来，充分考虑了决策者认知对其行为的影响，发现了经营特征对环境特征的正向影响。

（2）运用因果分析、图析法和耗散结构理论的熵变模型，剖析了肉鸡养殖场（户）和屠宰加工企业质量协同控制的形成与实现机制。研究结果表明：降低风险、提高质量、增加收益是肉鸡养殖场（户）与屠宰加工企业实施质量协同控制的动力，信息流和价格具有传导作用，公平的利益分配机制、先进的经营理念和成熟的消费理念、健全的社会化服务体系、自主的行业协会发挥促进作用，健全的管理制度、充分的信息共享、严格的质量标准、健全的法律法规和完善的监管体系发挥保障作用。动力机制和传导机制构成主导机制，促进机制和保障机制构成辅助机制；增加负熵流和减少正熵流是促进质量协同控制水平不断提高、实现质量协同控制效应的根本途径。与以往研究相比，较为系统地研究了肉鸡养殖和屠宰加工环节质量协同控制的形成机制和实现机制。

（3）考虑供应链环境下鸡肉质量形成的动态性，运用博弈模型和模拟仿真技术，分析并验证了纳什非合作博弈、斯塔克尔伯格主从博弈以及双方协同合作博弈状况下，肉鸡养殖场（户）和屠宰加工企业的最优质量控制策略，明确了双方质量协同控制的实现条件。研究结果表明，在双方协同合作决策模式下，肉鸡养殖场（户）和屠宰加工企业的质量控制水平以及鸡肉供应链总体利润均优于非合作博弈模式下的相应值；当鸡肉供应链整体利益分配系数满足一定条件时，肉鸡养殖场（户）和屠宰加工企业的个体利润达到帕累托最优，双方实现质量协同控制。以往研究更多的是静态分析，本书考虑了鸡肉质量形成的动态性，构建了三种状况下的博弈模型，更能够反映现实中鸡肉生产的不确定性。

1.5.2　不足之处

（1）本书提出并论证了鸡肉供应链中养殖与屠宰加工环节质量协同控制的基本问题，实证分析了质量协同控制的现状、问题和影响因素，但是缺乏对质量协同控制协同水平的评价体系和评价机制研究。

（2）本书重点研究了鸡肉供应链中养殖与屠宰加工环节质量协同控制的基本问题、影响因素、形成机制、实现条件和对策建议，缺少对屠宰加工与销售环节质量协同控制相关问题的研究；分析对象是单一肉鸡养殖场（户）和单一屠宰加工企业构成的二级鸡肉供应链，而多个肉鸡养殖场（户）同单一屠宰加工企业的质量协同控制问题尚需进一步研究。

第2章

概念界定与理论阐释

要正确地分析鸡肉供应链中养殖与屠宰加工环节质量协同控制的现实状况、影响因素、形成机制和实现条件等，首先需要深刻地认识和把握鸡肉供应链的概念、鸡肉质量形成过程及影响因素、养殖与屠宰加工环节质量协同控制等基本概念。根据"基于供应链的畜产品质量控制策略研究"课题组的前期研究成果，在查阅文献、实地调研及专家访谈的基础上，本章首先界定鸡肉整体产品概念、鸡肉供应链的结构和特征、供应链环境下鸡肉质量的形成和影响因素，重点分析养殖和屠宰加工环节质量协同控制的概念与内涵、目标与标志、层次与内容等基本问题，以及质量协同控制策略的含义与内容。

2.1 鸡肉供应链

2.1.1 鸡肉整体产品概念

我国目前肉鸡养殖的品种主要包括白羽肉鸡和黄羽肉鸡。其中黄羽肉鸡的肉质更加鲜美，主要以现场宰杀的形式销售，但由于其饲料转化率较低、生长速度较慢，价格较高，大众化市场发展比较滞后。白羽肉鸡因为饲料转化率高、生长速度快，适宜加工成各种不同形式的鸡肉制品，所以我国白羽肉鸡产业化养殖程度高，市场供给和销售量比较大。

从现代营销学的角度来看，鸡肉产品是一组有形产品和无形产品的组合，而非简单的物质实体。参考课题组以前的研究成果，本书认为鸡肉产品是一个整体产品概念，由核心产品、形式产品和延伸产品三部分构成，如图 2 - 1 所示。

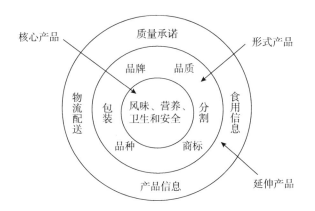

图 2 - 1　鸡肉产品整体概念示意图

这三个层次的内容具体包括：①鸡肉的核心产品是消费者购买鸡肉所追求的使用价值和核心利益，比如鸡肉的风味、营养、卫生和安全等要素。核心产品是无形的，通过鸡肉及其产品的自然属性提供给消费者。②鸡肉的形式产品是指鸡肉的物质实体，它是核心产品的载体，包括肉鸡的品种、品质、鸡肉的品牌、包装等要素。③鸡肉的延伸产品指的是消费者除了获得鸡肉的核心产品和形式产品之外还能够获得的附加利益，比如产品质量保证、物流配送、产品信息和食用说明情况（食用信息）等。延伸产品是随着市场竞争加剧，鸡肉厂商为了更好地满足消费者需求而增加的价值，并不是所有鸡肉厂商都能够提供的，可以成为企业的竞争优势。

2.1.2　鸡肉的质量标准与关键质量特性

2.1.2.1　鸡肉质量与质量安全

质量是指"反映企业或社会实体满足明确和隐含需求的能力的特性之总和"（周朝琦等，2001）。从此概念中可以看出，质量概念当中非常关键的一个词语是"满足明确和隐含需求",所谓"明确需求"指的是由国家相关法律、法规确定的,或者买卖双方在合同中明确说明的产品特性;"隐含需求"则是未明确规定或说明但是符合消费者期望的特性。为满足消费者需求的有关产品的、材料的甚至工序的任何一个特征就是一个产品质量特性。消费者对产品的需求是多方面的,那么用来满足需求的产品质量特性也应是多种多样的,包括技术性的、心理的、时间的和安全的等质量特性。所以评价某种产品的质量时,本质上考察的是这种产品的质量特性在多大程度上实现了"满足需求"。基于此,本书认为鸡肉质量是指"鸡肉特性能够满足消费者明确和隐含需要程度"。根据整体产品概念,鸡肉产品质量可分为核心产品质量、形式产品质量和延伸产品质量。

（1）核心产品质量。鸡肉的核心产品包括其风味、营养、卫生和安全,消费者对鸡肉核心产品的明确需求主要包括其风味、营养、卫生和安全。所以,鸡肉核心产品质量应当体现为满足消费者对其感官品质、营养价值、卫生和安全方面能力的特性。鸡肉感官品质主要指的是鸡肉对人的视觉、嗅觉、味觉和触觉器官的刺激,也就是消费者对鸡肉的综合感受,包含了其色泽、嫩度、持水性、多汁性、风味等质量特性;营养价值指的是其含有的营养成分(比如蛋白质、脂肪、维生素等)及其对人类健康的促进特性;根据《食品安全在卫生和发展中的作用》,"食品卫生"与"食品安全"可以作为同义词,所以卫生和安全质量指的就是鸡肉的质量安全特性,即鸡肉中"不应含有可能损害或者威胁人体健康的因素,不应导致消费者急、慢性中毒或者感染疾病或者产生危及消费者及其后代健康的隐患"(沙玉圣等,2008)。

（2）形式产品质量。包括肉鸡品种和部位质量、品牌、包装质量。肉鸡品种不同、部位不同会造成核心产品质量差异,因为不同品种的肉鸡的生长速度、抗病能力有所差异,导致鸡肉的营养成分和风味不同,而不同部位的鸡肉脂肪和蛋白质的比例不同,软硬度不同,其营养成分和风味也会不同。包装的作用是保护和促销。包装质量指的是鸡肉包装能够满足在运输、储藏、销售等各个环节对鸡肉的隔热、防尘、防污染、防变形等的需要及其满足程度,以及满足促销需要的程度,涉及包装的卫生和安全、包装的成本、包装材质的回收性、包装的艺术性等。品牌是区别不同企业产品的标识，品牌标识清晰、明确有利于消费者更好地识别和选择鸡肉产品，追究企业责任，反之消费者权益难以保障。

（3）延伸产品质量。包括产品质量保证情况、物流配送质量、产品信息和食用说明质量。鸡肉产品质量保证是厂商对所提供产品的安全、卫生等质量或服务的一种承诺，优质鸡肉产品应该明确对消费者做出质量安全承诺；物流配送质量指的是肉鸡及鸡肉物流配送过程中满足动物福利要求及冷链物流要求的能力的各种属性之和，包括运输车辆的空间、温度等；产品信息和食用说明质量指的是满足消费者获取鸡肉产品信息以及对产品使用方法、产品营养信息、指导科学消费等方面需求的能力的属性之和。

鸡肉隐含需求指的是在买卖合同中或双方不需要明确说明、是一种惯例或者一般做法（张东玲等，2009），具有不确定性，具体由消费者的期望决定，这一期望往往是特定的文化、习俗的产物。在特定的市场中，因其文化风俗是大家默认的，所以在此文章不对隐含需求加以考虑。

2.1.2.2　鸡肉质量标准

如上文所述，产品的质量可表现为不同的特性，对这些特性的评价会因为不同的人、不同的评价尺度而产生差异，为了避免因主观因素导致的差异，在生产、检验及评价鸡肉的质量时需要统一的尺度和标准，即鸡肉质量标准。一般来说，质量标准不仅要有明确的定义和清晰的解释，更重要的要使其具有可操作性和可比较性，所以需要尽可能地将其量化。确定鸡肉产品质量标准就是将顾客的真正要求或产品的真正特性转化为定量化的、严格检测来的"代用符号"或规格（周朝琦等，2001）。

根据鸡肉及鸡肉质量的含义，并借鉴先前的研究成果，可将鸡肉质量标准分为七类，包括感官指标、理化指标、微生物指标、品类指标、营销指标、诚信指标和服务指标。

（1）感官指标。感官指标主要指的是通过人的感觉器官来判断产品的色泽、气味、组织状态等各方面状态的指标。根据 GB 16869—2005《鲜、冻禽产品》的规定，优质鲜、冻鸡肉的感官指标如表 2-1 所示。

表 2 – 1　鲜、冻鸡肉的感官指标

项目		鲜禽产品	冻禽产品（解冻后）
组织状态		肌肉富有弹性，指压后凹陷部位立即恢复原状	鸡肉指压后凹陷部位恢复较慢，不易完全恢复原状
色泽		表皮和肌肉切面有光泽，具有禽类品种应有的色泽	
气味		具有禽类品应有的气味，无异味	
加热后肉汤		透明澄清，脂肪团聚于液面，具有禽类应有的滋味	
淤血 [以淤血面积（S）计] /cm²	$S > 1$	不得检出	
	$0.5 < S < 1$	片数不得超过抽样量的2%	
	$S \leqslant 0.5$	忽略不计	
硬杆毛（长度超过 12mm 的羽毛，或者直径超过 2mm 的羽毛根）/（根/10kg）		1	
异物		不得检出	

资料来源：GB 16869—2005《鲜、冻禽产品》。

注：淤血面积指单一整禽或单一分割禽的一片淤血面积。

（2）理化指标。理化指标指的是鸡肉产品的物理性质、物理性能、化学成分、化学性质、化学性能等技术指标，一般包括有害元素的含量、农药和兽药残留、霉菌毒素的含量、鸡肉产品生产和加工过程中可能产生的有害物质。根据 GB 16869—2005《鲜、冻禽产品》的规定，优质鲜、冻鸡肉的理化指标如表 2 – 2 所示。

表 2 – 2　鲜、冻鸡肉的理化指标

项目	指标	说明
冻禽产品解冻失水率/%	≤6	
挥发性盐基氮/（mg/100g）	≤15	
汞 Hg/（mg/kg）	≤0.05	
铅 Pb/（mg/kg）	≤0.2	
砷 As/（mg/kg）	≤0.5	
六六六/（mg/kg）	≤0.1	脂肪含量低于10%时，以全样计
	≤1.0	脂肪含量不低于10%时，以脂肪计

项目	指标	说明
滴滴涕/（mg/kg）	≤0.2	脂肪含量低于10%时，以全样计
	≤2.0	脂肪含量不低于10%时，以脂肪计
四环素/（mg/kg）	≤0.25	肌肉
	≤0.30	肝
	≤0.60	肾
敌敌畏/（mg/kg）	≤0.05	
金霉素/（mg/kg）	≤1	
土霉素/（mg/kg）	<0.1	肌肉
	≤0.3	肝
	≤0.6	肾
磺胺二甲嘧啶/（mg/kg）	≤0.1	
二氯二甲吡啶酚（克球酚）/（mg/kg）	≤0.01	
己烯雌酚	不得检出	

资料来源：GB 16869—2005《鲜、冻禽产品》。

（3）微生物指标。鸡肉微生物指标指的是鸡肉中腐败和致病的微生物的数量。考察微生物指标的目的是防止发生食品变质或者微生物性的食物中毒。鸡肉营养极其丰富，非常适合也易于各种微生物的繁殖和生长，所以对微生物的检测非常重要。根据 GB 16869—2005《鲜、冻禽产品》的规定，优质鲜、冻鸡肉的微生物指标如表 2 - 3 所示。

表 2 - 3　鲜、冻鸡肉的微生物指标

项目	指标	
	鲜禽产品	冻禽产品
菌落总数/（cfu/g）	≤1×10^6	≤5×10^5
大肠菌群/（MPN/100g）	≤1×10^4	≤5×10^3
沙门氏菌	0/25g*	
出血性大肠埃希氏菌 O157：H7	0/25g*	

资料来源：GB 16869—2005《鲜、冻禽产品》。

＊取样个数为5。

（4）品类指标。品类指标是反映企业是否根据消费者的购买偏好和购买习惯对鸡肉产品进行分类、分割的指标，优质鸡肉应该对鸡肉进行品种分类和恰当的部位分割。

（5）营销指标。营销指标指的是具有较强的营销功能且能够代表鸡肉产品特性的指标，包括鸡肉的品牌、包装和商标三个方面。鸡肉品牌是不同企业产品的标志，不同的品牌代表了产品不同的质量、形象、口碑和价值等，优质鸡肉品牌应有较高的知名度和识别度。优质鸡肉的包装一方面要保护鸡肉产品的在装卸、运输、销售等过程中不受损坏、不受污染，另一方面要美化产品、吸引消费者购买，同时还要减少对环境的污染。鸡肉商标是受国家法律保护的品牌标志，在产品包装信息中应该醒目、突出，目的是让消费者轻松识别。

（6）诚信指标。诚信指标是用来衡量鸡肉产品包装上的产品说明能否明确、真实地反映鸡肉的产品特性。诚信指标可通过质量承诺和食用说明两个具体指标来反映。

（7）服务指标。服务指标用来衡量消费者获取鸡肉产品信息的便利性及购买鸡肉产品的便利性，通过信息传递和物流配送两个具体指标来反映。

2.1.2.3　鸡肉关键质量特性

产品质量本质上是产品"一组固有的特性满足某种要求的程度"（Reid，2003），这一组固有的特性被称为产品质量特性（林志航，2005），它是最终产品质量的所有外在特性或内在特性的集合。产品质量特性可以帮助识别与区分产品，是可描述与可度量的。产品质量特性并不是单一的，而是多元的，比如安全性、经济性、时效性等。但是能够影响和决定产品最终质量的特性只有少数几个，被称作产品关键质量特性。关键质量特性决定了用户大部分需求和顾客满意度，是产品生产制造者质量管理需要格外关注的对象（张根宝等，2011）。对不同的产品来讲，关键质量特性表现也不同，有些产品的关键质量特性是可信性，有些是经济性，有的则是时间性。

　　鸡肉的产品质量特性同样也包含多个层面，比如时间性、安全性、经济性等。而作为食品，消费者最为关注的关键质量特性是其安全性，也即鸡肉产品满足消费者对其质量安全要求的程度。安全的鸡肉应该是对人体健康没有伤害或威胁的，不能导致消费者急、慢性中毒，或者感染某种疾病，或者产生危及消费者及其后代健康的隐患。只有首先满足了这一要求的鸡肉产品，消费者才可能会安心选择和消费。

　　由于消费者获取商品信息的途径和时间存在很大差异，有直接途径，也有间接途径，有的是在使用商品之前，有的则是在使用之后。尼尔森（Nelson）（1970）、达贝（Darby）（1973）等据此将产品质量特性分为搜寻品、经验品和信任品三类：搜寻品是指在购买之前消费者可以通过观察、触摸、嗅觉等感知产品质量的属性，经济性和时间性就属于搜寻品；信任品是指即使在使用产品后，消费者依然无法判断其质量优劣的属性；经验品是指只有在使用后消费者才能确定其产品质量的属性，产品性能属于经验品。

　　鸡肉产品的多重质量特性亦可归入相应的质量类别当中：鸡肉的感官品质如颜色、光泽、形状、气味、脂肪比例、肉品肌理和新鲜程度可在消费之前被观察和感知，属于搜寻品；而鸡肉的营养价值和部分感官品质，比如汁的多寡、口感、味道和烹饪特点则需在消费者消费后才可确定，属于经验品；至于鸡肉的卫生质量，比如是否含有抗生素、激素、致病细菌和农药残留等，即使在消费后仍无法确定，属于信任品。对于消费者来讲，鸡肉产品的安全性也即信任品属性是最为重要的属性，只有信任品属性达标的鸡肉消费者才会考虑其他属性是否达标，进而决定是否购买。也就是说鸡肉的关键质量特性是其信任品特性，而此特性又恰恰是消费者无法判断和感知的。所以鸡肉产品质量控制更为重要的是通过严格的事前控制和事中控制防止问题产品进入市场，对消费者身体健康造成危害。

　　本书认为能够满足人们美好生活需求的鸡肉质量特性应表现为三方面：搜寻品特性，要颜色正常、新鲜度高、肉品肌理清晰、脂肪和瘦肉的比例适中；经验品特性，肉嫩多汁、味香、口感好、易咀嚼等；信任品特性，也是关键质量特性，应不含激素、传染病和禁用药品，有害药物、重金属残留符合质量标准等。

2.1.3　鸡肉供应链的结构、特征

2.1.3.1　鸡肉供应链的结构

鸡肉供应链是一般供应链管理理论同畜禽产品领域相结合的产物。参考一般供应链的概念（马士华等，2005），借鉴前人研究成果（周洁红等，2004；夏兆敏，2014），本书认为鸡肉供应链是以大中型屠宰加工企业为核心企业，适度规模肉鸡养殖场（户）为供应商，超市作为零售渠道，内部纵向一体化与外部协调相结合的鸡肉产业管理模式，详见图 2 - 2。

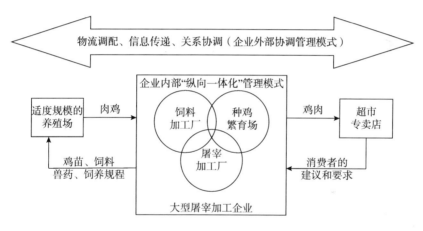

图 2 - 2　鸡肉供应链结构模式

鸡肉供应链由适度规模的肉鸡养殖场（户）、大中型屠宰加工企业、超市、消费者各行为主体构成。在供应链环境下，这些行为主体的关系既相互独立，同时又有着密切的联系，在核心企业的协调下，形成一个系统性、协同性的有机整体。

（1）适度规模的肉鸡养殖场（户）。适度规模的肉鸡养殖场（户）是专门从事肉鸡养殖的企业和专业户，其肉鸡年出栏量大于 5 万只，主要的功能是通过投入养殖场地、资金、养殖设备和必要的人力等，利用肉鸡屠

宰加工企业提供的鸡苗、饲料等按照科学的规程科学养殖，并将成熟的肉鸡提供给屠宰加工企业。肉鸡养殖场（户）处于供应链的起点，要保障鸡肉质量，首先要保障肉鸡养殖场（户）能够提供优质活鸡，这就需要肉鸡养殖场（户）进行质量预防和控制活动，主要包括维护良好的养殖环境，保障投入品（饲料、药品等）的质量和数量，及时对肉鸡进行免疫和治疗，多方面实现动物福利，建立完备的养殖档案，配备先进的设施和设备。供应链环境下，肉鸡养殖场（户）饲养的肉鸡质量要达到屠宰加工企业的要求，需要双方紧密的沟通与合作，接受屠宰加工企业提供的鸡苗、药品、监督和培训等。

（2）大中型屠宰加工企业。鸡肉供应链中担当核心企业的是大中型肉鸡屠宰加工企业，具有较高的管理水平和技术水平，其下设有鸡苗培育机构、饲料生产厂和屠宰加工厂，能够实现纵向一体化生产和管理；屠宰加工企业所培育的鸡苗和生产的饲料向上游供应给肉鸡养殖场（户），另一方面定向回收肉鸡养殖场（户）养殖的肉鸡，并对肉鸡进行屠宰、分割、检验和包装，销售给下游的超市，在供应链运行中担负着调配物流、疏导信息、协调合作伙伴关系的管理职能，同时要监督肉鸡养殖场（户）和超市的质量控制活动，对鸡肉供应链各环节进行协调、整合管理。屠宰加工企业要保证鸡肉质量，需要在屠宰加工过程中进行质量预防和控制，包括维护良好的屠宰环境，全程配备先进的设施和设备，屠宰前、后对肉鸡和鸡肉进行严格的检疫检验，并将检疫检验结果存档，保证运输和屠宰过程实现动物福利。

（3）超市。由于超市的经营和管理更加规范，其销售的鸡肉质量更值得信赖，是鸡肉产品主流的销售和购买渠道。超市对屠宰加工企业供应的鸡肉进行质量检验，将检验合格的鸡肉出售给消费者。

鸡肉供应链是一条由于供应链行为主体的饲养、屠宰、加工、包装、运输、储存、销售等行为而增加价值的增值链。在此过程中，通过供应链各行为主体实现关于市场、价格、管理等各方面信息的共享，有效降低管理成本，提高产品质量和市场反应能力，实现供应链整体利益的最大化。在畜牧业比较发达的国家，畜禽产品供应链管理模式已经比较普遍。通过供应链管理，将鸡肉产品生产的源头和终端连接起来，由核心企业（屠宰加工企业）协调、监督合作伙伴间的质量控制活动，实现质量追溯，是从源头上保障鸡肉产品质量安全的有效途径。

肉鸡养殖场（户）作为原料鸡的提供者，是鸡肉产品质量的源头，屠宰加工企业乃至超市售出的鸡肉产品的理化质量、感官质量由肉鸡养殖场（户）的质量控制行为决定，肉鸡养殖场（户）与屠宰加工企业之间的质量协同控制状况和控制水平对鸡肉质量具有决定性的影响。所以本书研究的重点是鸡肉供应链中肉鸡养殖场（户）与屠宰加工企业间的质量协同控制问题。

2.1.3.2　鸡肉供应链的特征

（1）内部纵向一体化与外部协调相结合的管理模式。鸡肉供应链是纵向一体化与外部协调相结合的管理模式，其核心企业是大中型屠宰加工企业。首先，大中型屠宰加工企业的主要功能是购入肉鸡养殖场（户）提供的质量合格的肉鸡，进行屠宰加工并进一步销售给超市等渠道；屠宰加工企业还要承担饲料加工和种鸡繁育的职能，除了屠宰加工厂，还有饲料厂和种鸡繁育中心，向上游的肉鸡养殖场（户）提供所需的饲料和鸡苗，这个过程是屠宰加工企业内部的纵向一体化管理。其次，鸡肉供应链的运作模式要求供应链各行为主体之间联系更加紧密，除了关注企业内部的生产经营活动外，还需要屠宰加工企业从中进行物流调配、信息传递、关系协调等，突破企业边界，实现信息共享、技术指导和质量监督等，加快市场反应速度，适应市场需求变化，提高整条供应链的竞争能力。这是供应链企业间的协调整合的过程。这两个过程统一于鸡肉供应链的运作过程当中，缺一不可。

（2）肉鸡及鸡肉产品的生物性。与制造业供应链相比较，鸡肉供应链最为突出的特点是其产品具有生物性。肉鸡的生物性特征包括其生理特性和行为特性，具体表现为肉鸡性情温顺、胆小，对环境变化较为敏感、环境适应性较差，抗病能力弱，但其生长速度快等。这些特点对供应链主体的饲养环境、饲养和运输条件提出了独特的要求，比如鸡棚的温度、湿度要达到不同阶段肉鸡生长的要求，尽可能减少人为因素造成的惊吓等；另一方面也为其能够生产安全优质的鸡肉提供了科学依据。

（3）物流管理和控制的高难度性。由于肉鸡及其产品的生物性特征，导致肉鸡和鸡肉产品对物流要求比较严格，具有较强的约束性。比如，肉鸡生性胆小，运输过程中要尽可能减少暴力和噪声，以降低应激；鸡肉在运输和储藏过程中容易被微生物污染和化学污染，运输车辆要彻底清洗和及时消毒，要实现全程冷链物流，这就增加了运输的难度和质量控制的难度。

（4）供应链构成主体的复杂性。鸡肉供应链的构成主体规模不一，以肉鸡养殖场（户）来看，有规模较小的个体养殖户，有中度规模的养殖场，还有实现集约化和产业化的大型养殖集团。从协同合作关系来看，受决策者受教育程度、经营理念等因素影响，鸡肉供应链主体间的协同程度差异较大，比如个体养殖户的学历往往较低，缺乏质量管理方面的先进理念，协同控制程度最低；而规模较大的养殖场会有专门的管理人员和技术人员，拥有比较先进的质量管理理念，协同控制程度更高。供应链构成主体的复杂性会大大增加供应链质量控制的难度。

（5）供应链社会责任的兼顾性。第一，鸡肉供应链要实现满足新时代消费者对美好生活的需求，必须要通过供应链主体的协同合作来生产出优质鸡肉，保证产品的质量安全，从而保障消费者的身体健康。第二，行为生理学原理表明，所有能够给肉鸡带来压力、紧张、使其感到痛苦的应激因素都会影响肉鸡的福利以及其产品质量。肉鸡养殖场（户）和屠宰加工企业应该积极培养动物福利理念，学习先进理论，开展健康养殖，不断提高动物福利条件，肉鸡养殖场的选址、场区规划、养殖条件、废弃物处理、疫病防治、屠宰流程等多方面要符合肉鸡的生长规律、生活习性和行为特征，实现肉鸡快乐生长，提高产品质量。第三，鸡肉供应链还要兼顾环境安全。肉鸡养殖过程中会产生大量的粪便，对其进行清理会产生大量污水，同时产生大量有害气体，处理不当会污染当地居民的生活环境，污染地下水资源和土壤。所以鸡肉供应链主体应该不断变革生产工艺，采用新的技术和设备，对废弃物进行无害化处理，减少对环境的污染。

2.2　供应链环境下鸡肉质量的形成与影响因素

2.2.1　鸡肉质量的形成过程

产品的质量形成于产品的设计、生产和实现的过程中（约瑟夫·朱兰，2005），在此过程中有诸多的因素会对产品的质量产生影响。美国质量管理学家约瑟夫·朱兰博士对此提出了质量螺旋模型用以描述产品质量形成的整个过程及其规律性。他认为，产品质量形成于市场研究、产品开发、设计、生产技术准备、采购等 13 个环节，且按照逻辑顺序连接起来形成一个连续向上的螺旋曲线。产品质量形成于此过程中，受到每个环节多种因素的影响，因此各环节要配备人员进行过程监督和管理。产品质量的形成过程不仅涉及企业内部各部门及员工，还会受外部供应商、销售商和用户等因素的影响。尽管鸡肉产品比较特殊，不完全符合 13 个环节，但是供应链环境下鸡肉质量的形成也由不同的环节按照一定的逻辑顺序形成连续向上的螺旋曲线。

鸡肉产品及其质量由多个企业共同完成，起始于肉鸡养殖场（户）的养殖活动，经过屠宰加工企业的屠宰和加工，以及超市的销售活动最终到达消费者手中，并且肉鸡养殖场（户）输出的产品恰好是屠宰加工企业输入的产品，屠宰加工企业输出的产品又是超市输入的产品。所以鸡肉产品及其质量形成于这三个相互独立又相互联系的环节。供应链环境下鸡肉质量形成过程如图 2 - 3 所示。

肉鸡养殖环节是鸡肉产品及其质量形成的起始环节。在此环节，肉鸡养殖场（户）购入鸡苗、饲料、兽药，投入适量的水、养殖人员和适当的设施与环境，将饲料、水及兽药经鸡苗的新陈代谢转化为成熟的肉鸡，形成供应链的初级产品。

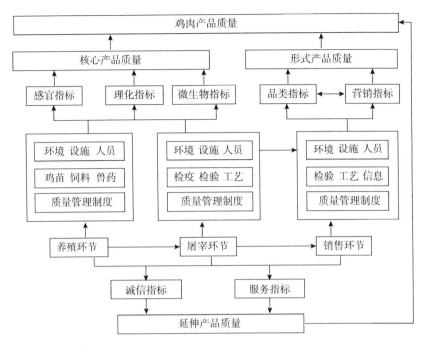

图 2-3 供应链环境下鸡肉质量形成过程

屠宰加工环节是鸡肉产品及其质量形成的关键环节。在此环节中，屠宰加工企业选择和维持适当的屠宰、加工环境，投入适量的人员和设施，采用一定的工艺和流程将从养殖场（户）购入的肉鸡进行屠宰和加工，并通过一定的手段和技术对肉鸡进行宰前、宰后的检验检疫，防止问题鸡肉进入市场。

销售环节是保障和实现鸡肉质量的最终环节。超市选择和维护适当的经营环境，投入适当的人员和设备，对购入的鸡肉产品进行质量检疫检验，并对合格产品进行保鲜或者适当加工，经过宣传和促销活动销售给消费者。

在养殖、屠宰加工和销售三个环节，肉鸡养殖场（户）、屠宰加工企业和超市都会制定相应的质量管理制度，对质量行为进行约束和控制。质量管理制度会影响其质量标准的选择以及质量标准是否被严格贯彻执行等。

2.2.2　鸡肉质量的影响因素

供应链环境下影响鸡肉质量的因素存在于养殖、屠宰加工和销售的各个环节。参考以往文献资料（彭玉珊，2011；夏兆敏，2014），本书认为在肉鸡养殖和屠宰加工两个环节中，影响鸡肉质量的因素可以归纳为环境维护、投入品来源、检疫检验、动物福利、档案管理和设施配置六个方面。

2.2.2.1　环境维护

（1）养殖环节中影响肉鸡质量的环境因素主要有肉鸡养殖场场址的选择、场内卫生环境的维护与管理以及废弃物的无害化处理。场址选择包括其地理位置的地势状况、水源水质状况、通风和温度等气候状况、周边有无污染源等方面，场址位置会影响鸡群能否健康、舒适地成长，从而影响鸡肉的感官品质；肉鸡养殖场所处位置是否连接主干道以及与村庄、屠宰加工厂等污染源的距离等社会环境，将会影响鸡群是否容易被感染细菌和工业污染，影响鸡肉的微生物指标和理化指标。场内卫生环境的维护与管理，包括场内驱蚊灭鼠的周期和清洁消毒的频率、外来车辆控制、鸡粪处理方式等，这些行为会决定能否阻断和控制病源，从而影响鸡肉的感官指标和微生物指标。肉鸡养殖场（户）废弃物，如病死鸡等，能否进行无害化处理影响场区及周边的空气质量及清洁状况，从而影响鸡群健康。

（2）屠宰加工环节影响鸡肉质量的环境因素主要有屠宰加工企业的厂址选择和场内环境日常维护、废弃物的无害化处理。首先屠宰加工企业的选址是否远离污染源和居住区，决定了是否容易造成鸡肉工业污染和交叉感染；屠宰加工企业内部日常的环境维护状况，包括场内驱蚊灭鼠的周期、清洁消毒频率、外来车辆控制是否严格、废弃物（传染性疾病或有病毒、有害残留物的肉鸡或肉鸡组织）能否无害化处理以及原料鸡与成品鸡进出通道是否分开等，这些行为将决定屠宰加工企业是否能够阻断和控制病源，减少鸡肉感染的机会。

2.2.2.2　投入品来源

肉鸡养殖场（户）和屠宰加工企业的投入品可以直接转化为鸡肉，或者直接与鸡肉接触，所以投入品的来源和质量直接影响鸡肉质量。

（1）养殖环节的投入品主要有鸡苗、饲料、饮用水和兽药。投入品质量不同，饲养出的肉鸡质量也不同。肉鸡的品种和质量决定其身体素质和抵抗病菌、病毒的能力，影响鸡肉的感官指标；所投入饲料的质量、各种营养物质的配置比例，会影响肉鸡的健康、生长速度和营养成分；饲料中添加剂成分、抗生素含量会影响肉鸡质量安全（屠友金等，2004；陈清华等，2007）和生长速度；饮用水的水质是否达标，是否含有有害物质等也会直接影响鸡群的健康；兽药的来源是否正规会影响兽药的成分是否合理及其有效性；是否按时按量用药、是否按规定遵守休药期，这将会影响肉鸡体内药品残留量，从而影响鸡肉的理化指标。

（2）屠宰加工环节最主要的投入品是原料鸡，其次是生产用水、包装材料及各种消毒剂。屠宰加工企业的投入品质量会影响鸡肉的感官、理化和微生物指标。原料鸡的供应商类型、规模会影响其养殖行为的规范性，从而决定所供应肉鸡的质量水平；一般认为规模大的肉鸡养殖场更能够实现标准化养殖，所供鸡肉质量越高；供应商能否提供非疫区证、检疫证、准运证三个证明材料是检验其产品是否合格的最基本要求；生产用水和包装材料直接接触产品鸡，其卫生状况和材质会决定是否形成二次污染；各种洗涤剂、消毒剂是否能够清理干净等将决定是否污染鸡肉。

2.2.2.3　检疫检验

（1）养殖环节的检验检疫是为了预防鸡群感染微生物和病菌，保障鸡群安全。养殖环节的检验检疫活动主要包括接种疫苗、生病就医、对员工进行体检以及出场前的检疫等。鸡苗进场后及生长期内能否按时接种疫苗，会影响其抗病能力；肉鸡生病时是否及时请专业的兽医前来就诊，影响病情的扩散范围；能否定期强制员工进行体检是能否保证避免人为因素造成鸡群感染疾病；肉鸡出笼前是否及时通报当地防疫站进行检验，将会决定是否有病鸡流入市场。所以肉鸡养殖场（户）是否能够按照规范进行检疫检验会影响肉鸡是否健康成长，从而影响鸡肉的感官指标、理化指标和微生物指标。

（2）屠宰加工环节的检疫检验可以帮助发现和杜绝原料鸡的质量问题、及时阻断问题鸡进入屠宰环节，同时也是对自身生产过程中质量问题的有效防控。这个环节的检疫检验活动主要涉及原料鸡入厂前检验、宰前检疫和宰后检疫。肉鸡进入屠宰加工企业之前肉鸡养殖场（户）需要提供产地检疫证、车辆运输消毒证、饲养生产记录等；宰前检疫主要通过兽医观察鸡群的饮食状况、精神状况、体态、粪便等来判断鸡群中有无病鸡，对问题鸡及时进行隔离处理；宰后检疫指的是屠宰结束后对鸡头、胴体和内脏进行检疫检验，对问题产品进行无害化处理，并记录在档案中。屠宰加工企业是否按照要求和标准进行相应的检疫检验影响是否有问题鸡进入屠宰车间，影响问题鸡肉是否会流入销售环节。另外屠宰加工厂应该定期对员工进行体检，防止员工自身携带病菌尤其传染性疾病进入厂区，防止交叉感染。

2.2.2.4　动物福利

（1）养殖环节的动物福利就是根据肉鸡的生物学特点，适应其生理要求和习性，提供相应的养殖环境和饲养管理手段（李俊营等，2019），包括生理福利、环境福利、卫生福利、行为福利和心理福利。生理福利即满足肉鸡饥有食、渴有水，免受饥渴之苦；环境福利即为肉鸡提供舒适的休憩场所；卫生福利即减少肉鸡伤病并及时就医，免受病痛之苦；行为福利即允许肉鸡表达天性，提供必要的设施，比如鸡喜群居，满足群居条件；心理福利即使肉鸡免受惊吓、恐惧等痛苦。尽管动物福利的提出是基于人道主义和环保主义，动机是利他的，但行为生理学原理也表明，改善畜禽福利的生物学意义在于，通过提高畜禽的康乐水平来提高畜产品质量（孙世民等，2004）。在肉鸡养殖过程中能否全面实现福利养殖，肉鸡能否健康、愉悦地生长，会影响肉鸡生长性能能否正常发挥，进而影响其免疫能力及体内毒素的数量水平，从而会影响鸡肉的色泽、肉质、口感和营养成分，即鸡肉的感官指标。

（2）屠宰加工环节涉及的动物福利主要体现为人道屠宰，即在装卸、运输、待宰停留阶段以及屠宰肉鸡时，要采取符合肉鸡生理和心理特点的手段，尽量减少肉鸡的紧张和恐惧感。这不仅符合人道主义，而且有助于提高鸡肉的质量。不符合动物福利的操作，会加大肉鸡屠宰过程中的应激程度，从而导致断翅、断骨比例增大，鸡肉中淤血量加重，微生物质量下降，保水性和色泽差，感官质量下降。所以屠宰加工企业在运输、装卸、屠宰等过程中，是否会采取措施降低应激，实现人道屠宰，将会影响鸡肉产品的感官指标和微生物指标。

2.2.2.5 档案管理

档案管理是供应链主体建立档案并对肉鸡的饲养和屠宰过程加以记录，是实现鸡肉产品质量可追溯的必要条件。档案管理制度可以一定程度上约束肉鸡养殖场（户）和屠宰加工企业的质量控制活动，避免机会主义行为，保障鸡肉质量。

（1）肉鸡养殖场（户）的养殖档案需要记录的内容种类繁多，比如应详细记录鸡苗的来源、品种、数量、入场时间，兽药的使用时间和剂量、免疫、消毒记录，饲料购入来源、时间和数量，以及肉鸡发病时间、诊疗过程、无害化处理等情况；同时肉鸡养殖场（户）应当指派专门的人员对档案进行管理，保证相关信息及时准确的填报。肉鸡养殖场（户）如果能够按照要求为每只肉鸡建立了档案，及时更新档案内容，那么疫病防控的难度就会大大降低，从而可以降低养殖风险，保障质量；同时也为鸡肉质量安全追溯提供必要信息，避免肉鸡养殖场（户）和下游企业责任混乱的现象，有助于加强质量监督和管理。

（2）屠宰加工企业生产档案记录内容包括原料鸡来源、宰前检疫检验记录、宰后检疫检验记录、屠宰加工过程中关键点监控记录、废弃处理记录等。屠宰加工企业如果能够按照要求做好屠宰加工环节的档案记录，那么当出现质量问题时，有助于迅速发现问题鸡肉出现的节点和批次，并责任到人，便于屠宰加工企业内部质量监管和控制。

2.2.2.6 设施配置

肉鸡养殖场（户）和屠宰加工企业内部的设施配置是否完备、是否先进会影响肉鸡的生活环境，影响屠宰加工的工艺及鸡肉的运输、储藏条件等。

（1）肉鸡养殖场（户）的设施配置包括硬件设施和物质基础，主要有饲养设备、保温和通风设备、免疫设备、光照设备、清粪设备等。饲养设备有自动喂养设备，也有人工喂养设备，一般认为自动喂养设备更高效、清洁，而人工喂养效率低下，卫生条件差，所以饲养设备先进性会影响鸡群的饲养条件、管理水平和卫生状况；自动的保温设备能够根据季节、肉鸡生长周期调节适宜的温度，通风设备能够保证鸡舍内空气的流通，避免有害气体浓度过大，减少或避免慢性呼吸道疾病的发生，有助于肉鸡的健康和发育；根据浙江大学泮进明教授的研究，禽类对光线的敏感度比人类更高，黄色 LED 灯光让鸡的饲料利用率最高，肉长得快，一般比普通光照下的鸡增重 2%，而绿光和蓝光下肉鸡活动最差，可能导致体质有问题，而普通的白炽灯、荧光节能灯可能会引发用电安全、环境污染等问题，而光谱不对、频闪太高，则对鸡的情绪、生长速度影响很大，所以说光照设备不仅会影响鸡群的生活环境，还会直接对鸡肉的感官指标产生影响；清粪设备比如液下泵或者切割泵可以快速有效地清理鸡粪，并实现干湿分离，既能实现鸡场卫生要求又能解决鸡粪后期处理问题，减少污染。所以肉鸡养殖场（户）是否配备先进的设施和设备会影响鸡舍的卫生状况、舒适程度，从而影响鸡群能否正常发育和健康状况以及生产性能的充分发挥，影响鸡肉的感官指标和理化指标。

（2）屠宰加工企业设施包含屠宰设备、冷藏设备、运输设备等。屠宰设备有电晕机、脱毛机、预冷机、自动化的流水线设备等。功能齐全，工艺先进，可以更好地降低应激和鸡肉残存血量，更好地保存鸡肉的感官品质。反之，如果设备不全，不能按照流程宰杀肉鸡会增加肉鸡应激，影响鸡肉的感官品质和微生物品质。屠宰加工车间能否实现冷藏温度控制适当和分类专室储藏，也会影响鸡肉的感官质量和微生物质量。

2.3　养殖和屠宰加工环节在鸡肉质量形成中的作用

鸡肉产品及其质量形成于肉鸡养殖、屠宰加工及鸡肉销售三个环节，是三方面共同作用的结果。肉鸡养殖环节是鸡肉质量形成的源头，屠宰加工环节是鸡肉质量形成的关键环节，任何一个环节出现质量问题，都会给鸡肉质量安全带来隐患。

2.3.1　肉鸡养殖场（户）的作用

肉鸡养殖场（户）处于鸡肉供应链的开端，是鸡肉质量形成的源头，处于供应链下游的屠宰加工企业和超市所加工和销售的鸡肉产品来自肉鸡养殖场（户），其供应的肉鸡质量安全，经过屠宰加工和销售环节的鸡肉才有可能是安全的；反之，如果肉鸡在养殖环节出现了质量问题，那么消费者就不可能购买到安全鸡肉。所以肉鸡养殖场（户）的质量安全保障是实现供应链鸡肉质量安全的必要条件，是实现"从源头到餐桌"的鸡肉安全的源头。

肉鸡养殖场（户）要实现肉鸡的安全生产，关键要做好以下几个方面：一是要维护清洁、安全的场内卫生，对废弃物实施无害化处理；二是要保证投入品的营养和安全；三是要做好肉鸡的检疫检验工作，有效预防各种疾病和疫情；四是要实现福利养殖，养殖过程中更加注重人性化养殖，满足肉鸡生理、心理、行为等方面的天性需求；五是做好养殖档案的建设和管理，按照要求为每只肉鸡建立电子或者纸质档案，全面、及时记录信息；六是配备现代化的设施设备，保证清洁、通风、温度适宜的生长环境。

2.3.2 屠宰加工企业的作用

屠宰加工企业在供应链中处于承上启下的位置，上游联结肉鸡养殖场（户），下游联结超市，同时也是供应链的核心企业。所以屠宰加工企业在保障自身屠宰加工过程质量安全的同时，还要对肉鸡养殖场（户）质量安全起监督和促进作用，是保障鸡肉供应链质量安全的关键环节。

（1）屠宰加工企业要保障自身生产过程质量安全。屠宰加工企业要投入一定的设备、采用一定的工艺和流程对所购肉鸡进行屠宰和加工，在此过程中需要通过一定的检疫检验手段和设备对屠宰前和屠宰后的鸡肉进行检疫检验，防止不合格产品进入市场；在屠宰加工过程中要对屠宰设备及时清洁和消毒，防止生产过程中的病菌和微生物感染；运输过程中要实现全程冷链物流，防止运输中的交叉感染。所以屠宰加工企业要在整个生产加工和运输的过程中保证鸡肉的感官质量和微生物质量。

（2）对肉鸡养殖场（户）质量控制的监督和促进作用。上游肉鸡养殖场（户）出于机会主义可能会降低质量投入，屠宰加工企业对其质量控制担负着监督和促进的作用，主要体现在三个方面：一是可以向肉鸡养殖场（户）提供各种投入品，比如大型屠宰集团下设种鸡繁育、饲料生产等业务，可以向肉鸡养殖场（户）提供鸡苗、饲料，有些甚至提供兽药，可以保障养殖环节投入品质量安全；二是屠宰加工企业可以向肉鸡养殖场（户）提供技术支持、管理咨询服务，尤其是规模较小的养殖户，缺乏先进的理念和养殖技术，屠宰加工企业能够向其提供养殖技术、医药服务等方面的支持，改善质量管理水平；三是屠宰加工企业通过现场抽查和监督、宰前检验等方式对肉鸡养殖场（户）的质量安全具有重要的监督作用。

2.4 养殖与屠宰加工环节质量协同控制的基本问题

供应链环境下的鸡肉质量不是由肉鸡养殖场（户）独立决定的，也不是由屠宰加工企业独立决定的，而是两者共同决定的。但是作为经济行为主体，肉鸡养殖场（户）和屠宰加工企业无疑会着眼于自身利益最大化，这会增加双方的机会主义行为。如何降低机会主义，更好地实现供应链环境下鸡肉质量安全，需要肉鸡养殖场（户）和屠宰加工企业进行质量协同控制。下文将提出并论证鸡肉供应链中肉鸡养殖场（户）与屠宰加工企业质量协同控制的概念与内涵、层次与内容、目标与标志以及基本策略。

2.4.1 质量协同控制的概念与内涵

2.4.1.1 质量协同控制的概念

著名的供应链管理专家安德森（Anderson）（1999）在其发表的《协同供应链：新的前沿》的文章中，将协同供应链称为新一代的供应链战略，之后不断有学者对供应链协同的概念、本质进行探讨，不少大型零售企业、咨询公司等联合将供应链协同的概念付诸实践，这些都促进了对供应链协同的研究，使其成为供应链研究的热点。

供应链协同是两个或两个以上的独立企业形成长期关系，紧密合作，为了共同的目标而实施供应链管理，能够比单独行动获得更多的利益（Simatupang 等，2005）。这是一种合作伙伴关系，其中各方共享信息、资源和风险，并做出共同决策，以实现互利的结果。与传统的供应链相比，供应链协同更加强调各节点企业为了共同的目标而进行彼此协调和联合努力，树立"共赢"意识，强调合作伙伴之间的信息、资源和利益共享等。供应链协同概念是在技术更新不断加快、竞争加剧的市场环境下提出的，可以帮助企业分担风险、获取信息、提升技术、降低成本，提高利润水平，形成竞争优势。

基于供应链协同的概念，结合供应链环境下肉鸡质量形成的影响因素，本书认为肉鸡养殖场（户）和屠宰加工企业质量协同控制指的是为了提高鸡肉质量，肉鸡养殖场（户）与屠宰加工企业成为一个整体，彼此之间在环境维护、投入品来源、检疫检验、动物福利、档案管理和设施配置六个方面相互沟通、协调和监督，在付出更多协同成本的前提下建立公平公正的利益共享与风险分担机制，最终带来供应链整体及个体更大收益。质量协同控制的实现是一个长期的过程，此过程包含了以下五个要素。

（1）信息共享。信息共享是指肉鸡养殖场（户）和屠宰加工企业之间准确、完整地分享各种计划和程序，包括养殖规模、销售预测、市场策略、质量状态等。信息共享是实现质量协同控制的首要因素。除了广泛地共享信息外，还应该注重提高共享信息的质量（Gosain，2004），包括信息的准确性和完整性（Simatupang 等，2005），理想的状态是双方可以在线和实时地获取对方信息，而不需要付出巨大的努力和成本。

（2）目标一致。目标一致是指肉鸡养殖场（户）与屠宰加工企业在实现供应链整体目标的过程中达成自身目标。在目标一致的情况下，双方均认为自己的目标与供应链的目标能够完全一致，即使在出现差异的情况下，也认为自己的目标可以实现。

（3）激励协调。激励协调是指肉鸡养殖场（户）与屠宰加工企业之间分担成本、风险和收益的过程，它包括确定并分享成本、风险和收益，以及制定激励计划。协同关系要求通过一定的收益共享机制使参与者公平地分享收益和损失，促使肉鸡养殖场（户）与屠宰加工企业以与整体目标一致的方式决策。

（4）资源共享。资源共享是肉鸡养殖场（户）与屠宰加工企业共同利用资源和能力并对资源和能力进行投资的过程，包括金融和非金融资源如时间、技术、培训等。互惠的投资通常存在于有效的供应链伙伴关系中（Lambert 等，1999），实现合作关系所需的时间和共同努力也不应被低估（Min，2005）。

（5）有效沟通。有效沟通是肉鸡养殖场（户）与屠宰加工企业之间在沟通的频率、方向、模式和影响策略等方面的联系和信息水平传播的方式。开放的、频繁的、平衡的、双向的、多层次的沟通表明了紧密的企业间关系（Goffin 等，2006）。

2.4.1.2　质量协同控制的理论基础

（1）质量协同控制降低不确定性。不确定性一直被认为是交易成本的潜在决定因素之一（Williamson，1975），通过透明的信息流减少不确定性是协同控制的一个关键目标。市场和技术的不确定性可以通过伙伴关系共享突发事件和技术信息得以有效控制（Verwaal 等，2004），他们之间的紧密沟通也减少了质量行为的不确定性（Wowyts 等，2005）。如果合作伙伴之间不共享信息，那么不透明的需求模式将导致需求放大和牛鞭效应。因此，当面临不确定性时，企业倾向于与合作伙伴合作建立长期关系。

（2）根据交易成本经济理论，层级制度和市场是企业组织活动的两种方式（Williamson，1975）。到底是采用纵向一体化还是市场机制，取决于由有限理性、合作伙伴自身利益、机会主义造成的不确定性所产生的监控成本（Kaufman 等，2000）。供应链质量协同控制过程通过资源整合和相互信任有效降低市场交易中固有的机会主义和质量监控成本，从而增加为合作伙伴的利益最大化决策的可能性（Kaufman，2000）。

（3）资源基础理论认为企业绩效的差异可以用战略资源来解释，如核心能力（Prahalad，1990）、动态能力（Teece 等，1997）和吸收能力（Cohen 等，1990）。以独特方式整合这些资源的企业可能比那些无法这样做的竞争企业更能获得优势（Dyer 等，1998）。资源基础理论认为，投资于特定关系的资产，整合互补性和稀缺性资源，可以创造出独特的产品和服务（Knudsen，2003）。供应链协同伙伴关系资产的嵌入性和因果关系的模糊性使得它们的竞争对手很难模仿（Jap，2001）。供应链协同允许企业专注于他们最擅长的领域，并为供应链的增值过程做出贡献。

2.4.1.3　养殖与屠宰加工环节质量协同控制的内涵

从经济学的角度来看，肉鸡养殖场（户）和屠宰加工企业都是独立的经济个体，所以双方要实施质量协同控制的根本原因应该是该行为能够为其带来更大的经济利益。肉鸡养殖场（户）与屠宰加工企业质量协同控制活动可以提高鸡肉质量，降低交易成本，能在激烈的市场竞争中更好地满足消费者的需求，提高供应链竞争优势，最大可能地提高肉鸡养殖场（户）和屠宰加工企业个体与供应链整体利益。当双方都充分认识到质量协同控制的优势时，就会有足够的动力持续地实施这一行为。

肉鸡养殖场（户）与屠宰加工企业之间实现质量协同控制的基础是双方的认知。认知是个体通过感知、记忆等形式把握事物的性质和规律的认识过程，对行为具有重要的调节作用。所以肉鸡养殖场（户）与屠宰加工企业之间要实现高度的质量协同控制，必须对鸡肉质量的形成过程以及在此过程中对鸡肉质量产生影响的因素有充分的认识，对消费者的需求、鸡肉质量标准、国家相关的法律规范、企业社会责任等内容有正确的把握，并且达到高度一致，才能实现双方积极、持续地协同控制鸡肉质量，满足消费者和社会需求。

鸡肉供应链质量控制过程是一个复杂的系统，肉鸡养殖场（户）和屠宰加工企业均是这个系统的构成要素，它们各自的质量控制过程和控制结果相互关联、相互影响，形成一个整体。这一过程具体表现在四个层面：第一，肉鸡养殖场（户）和屠宰加工企业质量控制的目标与供应链整体目标是协同一致的，即通过满足消费者对优质鸡肉的需求从而实现利益最大化；第二，肉鸡养殖场（户）与屠宰加工企业质量控制过程要在供应链层面实现相互协同，即双方要在环境维护等六个方面的质量控制标准和控制活动协同一致；第三，供应链中众多的肉鸡养殖场（户）的质量控制过程要在活动层面达到质量控制的协同，即所有的肉鸡养殖场（户）的质量控制标准和控制过程协同一致；第四，肉鸡养殖场（户）与屠宰加工企业内部质量控制要在节点层面上实现相互协同，即肉鸡养殖场（户）和屠宰加工企业内部在环境维护等六个方面的标准和过程要协同一致。

从耗散结构理论熵变模型的视角来看，肉鸡养殖场（户）与屠宰加工企业间质量协同控制的形成不是一蹴而就的，而是不断变化演进、逐渐形成的过程：二者构成的系统通过不断从系统内部和外部熵汲取负熵流、减少系统正熵，逐渐从低级协同向高级协同演进，最终达到从节点到面的全面协同状态。为促使双方加快协同进程，就必须深入系统地研究双方质量协同控制状况、影响因素及相互的作用关系，然后有针对性地改善影响因素。

2.4.2　养殖与屠宰加工环节质量协同控制的内容

结合肉鸡养殖场（户）与屠宰加工企业间质量协同控制的概念和内涵，本书认为养殖和屠宰加工环节质量协同控制的内容可分为三个层次。

（1）两环节活动层面的质量协同控制。包括肉鸡养殖场（户）和屠宰加工企业内部环境维护、投入品来源、检疫检验、动物福利、档案管理、设施配置六个方面，每个环节的每个方面中的所有活动要协同一致。

（2）两环节节点层面的质量协同控制。包括肉鸡养殖场（户）环境维护、投入品来源等六个方面的活动要协同一致，屠宰加工企业环境维护等六个方面的活动要协同一致，以及供应链上游所有的肉鸡养殖场（户）间环境维护等六个方面的活动要协同一致。

（3）两环节供应链层面上的质量协同控制。包括肉鸡养殖场（户）和屠宰加工企业之间在环境维护等六个方面的活动要协同一致。

2.4.3　养殖与屠宰加工环节质量协同控制的目标与标志

2.4.3.1　养殖与屠宰加工环节质量协同控制的目标

肉鸡养殖场（户）与屠宰加工企业质量协同控制的目标包括两个层面：一是质量控制过程目标，二是质量控制结果目标，即鸡肉质量目标。从过程来看，首先，节点层面上，在屠宰加工企业协同下，制定肉鸡养殖场（户）质量行为规范和管理制度，并在其监督下要在企业内部各部门之间实现质量控制协同一致；其次，不同的肉鸡养殖场（户）之间要采用一致的质量标准和行为规范，在核心企业（屠宰加工企业）的协调下，实现不同的肉鸡养殖场（户）的质量控制过程协同一致；最后，在供应链层面上，肉鸡养殖场（户）与屠宰加工企业间质量控制过程协同一致。从结果来看，肉鸡养殖场（户）和屠宰加工企业质量协同控制的目标是要生产出符合感官指标、理化指标、微生物指标等的优质鸡肉，满足我国新时期消费者对美好生活的需求，同时提高肉鸡养殖场（户）和屠宰加工企业个体与供应链整体利益。

显然，肉鸡养殖场（户）与屠宰加工企业质量协同控制的两个目标之间是手段和目的、过程和结果的因果关系。通过逐步实现肉鸡养殖场（户）与屠宰加工企业质量协同控制过程最终要实现质量控制结果即实现鸡肉质量安全的目标。

2.4.3.2 养殖与屠宰加工环节质量协同控制的标志

（1）肉鸡养殖场（户）与屠宰加工企业对环境质量标准的认知及其质量控制过程达到协同状态，即双方都认为环境维护标准对鸡肉质量有重要影响，并在位置选择、消毒杀菌频率、废弃物处理方式等方面的质量控制水平协同一致。其结果是有效预防养殖过程中各种疫病的发生和传播，防止屠宰加工过程中鸡肉感染病菌。

（2）肉鸡养殖场（户）与屠宰加工企业对投入品来源质量标准的认知及其质量控制过程达到协同状态，即双方都认为投入品来源的质量标准对鸡肉质量有重要影响，并在供应商选择、投入品品质等方面的质量控制水平协同一致。其结果是保证肉鸡健康成长，保证鸡肉的理化、感官、微生物指标合格，防止在屠宰加工过程中因水源、包装材料等造成污染。

（3）肉鸡养殖场（户）与屠宰加工企业对检疫检验质量标准的认知及其质量控制过程达到协同状态，即双方都认为检疫检验质量标准对鸡肉质量有重要影响，并在接种疫苗、疾病处理、宰前和宰后检疫检验、员工体检等方面的质量控制水平协同一致。其结果是形成有效的疫病防控机制。

（4）肉鸡养殖场（户）与屠宰加工企业对动物福利质量标准的认知及其质量控制过程达到协同状态，即双方都认为动物福利质量标准对鸡肉质量有重要影响，并在满足肉鸡行为、心理等需求方面的质量控制水平协同一致。其结果是充分发挥肉鸡的生物性特征，健康生长，降低环境应激，从而保证鸡肉的感官质量和微生物质量。

（5）肉鸡养殖场（户）与屠宰加工企业对档案管理质量标准的认知及其质量控制过程达到协同状态，即双方都认为档案管理的标准对鸡肉质量有重要影响，并在档案建立、档案内容、保存期限等方面的质量控制水平协同一致。其结果是建立完备的鸡肉档案信息，为实现质量追溯、保障鸡肉质量安全提供条件。

（6）肉鸡养殖场（户）与屠宰加工企业对设施配置质量标准的认知及其质量控制过程达到协同状态，即双方都认为设施配置标准对鸡肉质量有重要影响，并在饲养和饮水设施、温度控制设施、通风设施等方面的质量控制水平协同一致。其结果是改善肉鸡生长环境和鸡肉存储、运输环境，保证鸡肉的微生物质量。

2.4.4　养殖与屠宰加工环节质量协同控制策略的含义与内容

肉鸡养殖场（户）与屠宰加工企业质量协同控制目标的实现要通过一定的机制，而该机制的实现则要通过一定的手段和策略，包括合理确定质量预防水平、质量检验水平、质量收益分配比例、质量成本分摊比例、质量缺陷惩罚比例。

2.4.4.1　质量预防水平

肉鸡养殖场（户）的质量预防水平指的肉鸡养殖场（户）生产出质量合格肉鸡的概率。肉鸡养殖场（户）在生产过程中，按照一定的标准和要求，在环境维护等六个方面采取适当的质量预防措施，预期生产出合格的肉鸡。质量预防水平的高低受其所采用的质量标准、设备的先进性、管理水平等因素的影响。它是衡量肉鸡养殖场（户）质量控制水平的重要指标。质量预防水平越高说明肉鸡养殖场（户）在各个环节的质量控制活动越合格；反之当质量预防水平下降时，说明某些环节质量活动出现问题，应及时排查。

屠宰加工企业的质量预防水平指的是屠宰加工企业将质量合格的肉鸡屠宰加工为质量合格的鸡肉的概率。屠宰加工企业按照一定的流程和要求，在环境维护等六个方面采取适当的质量预防措施，预期生产出合格的鸡肉产品。屠宰加工企业质量预防水平的高低受到如下因素的影响：屠宰加工企业所采用的质量标准、屠宰设备和工艺的先进性、员工的技术水平、监督管理的规范性等。屠宰加工企业的质量预防水平是衡量屠宰加工企业在生产加工过程中的质量控制水平的重要指标。

无论是肉鸡养殖场（户）还是屠宰加工企业，其质量预防活动都要付出相应的成本，即质量预防成本。一般来讲，质量预防水平越高，其所支付的质量预防成本就越高。

2.4.4.2　质量检验水平

质量检验水平是肉鸡养殖场（户）向屠宰加工企业提供的质量不合格肉鸡被屠宰加工企业检验出来的概率，其检验活动具体包括检查肉鸡养殖场（户）的检疫证明，对肉鸡进行毛色、步态、呼吸和体温等外在质量检验，以及疫病、兽药残留量和有毒有害物质含量等内在质量检验等。因此屠宰加工企业的质量检验程序是否完备，检验手段是否先进都会影响质量预防水平。

2.4.4.3　质量收益分配比例

质量收益是质量系统转换过程的产出所具有的经济价值及其经济租金（于洪基，2015），这一经济价值的实现是在企业与消费者之间通过交换来实现的，所以消费者的满意度对质量收益的实现有着重要影响。而产品的质量水平又是决定满意度的关键因素，所以产品质量水平直接关系企业最终的质量收益的高低。肉鸡养殖场（户）与屠宰加工企业通过协同质量控制实现质量收益整体最大化，再将这一收益通过一定的比例进行分配，实现个体利益最大化，这一分配比例就是质量收益分配比例。质量收益分配比例的确定要由供应链成员企业共同商定，需综合考虑市场供求状况、原材料价格等客观因素。另外，还要充分考虑供应链成员为实现质量控制所付出的努力和成本，比如双方的质量预防水平等，质量预防水平越高，意味着付出了更多的质量成本，则质量收益分配比例可适当提高。要力求质量收益分配比例公平合理，才能保证协同控制的持久性。

2.4.4.4 质量成本分摊比例

质量成本指的是企业为了确保和保证满意的质量而发生的费用，以及由于没有达到满意质量而所造成的损失（周俊男，2017），是企业生产总成本的一个组成部分。一般认为，质量成本包括为了使产品质量合格而付出的成本，即预防控制成本，这部分又可以分为预防成本和鉴定成本；另外还包括当出现产品质量问题时为供应链带来的损失，即不一致成本，也称控制故障成本，包括处理质量问题时的外部损失（质量问题造成的赔偿费用、诉讼费用等）和处理问题产品时的内部损失（材料费、停工损失等）。

发生在肉鸡养殖和屠宰加工环节的预防控制成本主要是肉鸡养殖场（户）和屠宰加工企业的质量预防成本以及质量检验成本，这一成本的分摊比较简单，双方在质量预防和质量检验环节投入的成本很容易核算出来，通常将这一成本计算在总成本当中。若鸡肉产品出现质量问题而双方均没有检测出来，结果导致了质量安全事件，处理质量安全事件所产生的成本就是控制故障成本，分为外部损失和内部损失。控制故障成本的分摊可以根据质量安全追溯体系来追溯供应链主体的责任，责任明确时由出现问题的主体承担；如果责任不明确，则应该按照责任大小确定一个分摊比例，一般认为屠宰加工企业有质量预防和质量检验的双重责任，故分担的控制故障成本更高。

2.4.4.5 质量缺陷惩罚比例

质量缺陷指的是产品质量没有满足或未达到规定的标准和要求。因质量缺陷而遭受的各种形式的惩罚（以金钱为主）称为质量缺陷惩罚。屠宰加工企业在接受原料鸡时对其进行质量检验，当质量缺陷比较严重时，屠宰加工企业要对供应商实施惩罚措施，可以采用经济惩罚，根据供应商提供缺陷产品的数量或比例来确定惩罚金额，即质量缺陷惩罚比例。屠宰加工企业可适当调整质量缺陷比例达到对肉鸡养殖场（户）的质量约束的目的。

综上所述，质量预防水平、质量检验水平、质量收益分配比例、质量成本分摊比例以及质量缺陷惩罚比例五个质量控制策略既独立发挥作用，又相互影响、互联互动，协同影响鸡肉质量和鸡肉供应链整体利益。由于供应链环境下鸡肉质量的形成具有动态性、长期性和协同性，因此为实现供应链中肉鸡养殖场（户）和屠宰加工企业整体利益最大化，进而为市场提供优质鸡肉，应综合考虑质量、成本、收益等因素，在动态框架下研究质量协同控制策略问题。

2.5 本章小结

（1）鸡肉产品是一个整体概念，包含核心产品、形式产品和延伸产品。鸡肉质量含有多个质量特性，同时满足了感官指标、理化指标、微生物指标、营销指标、诚信指标和服务指标的鸡肉才是优质鸡肉。

（2）供应链环境下鸡肉质量形成于养殖、屠宰、销售三个环节，并受环境维护、投入品来源、检疫检验、动物福利、档案管理、设施配置六个方面的影响。实现三个环节质量协同控制是实现鸡肉质量安全的关键。

（3）供应链环境下肉鸡养殖场（户）和屠宰加工企业质量协同控制的内容包括两者活动层面、节点层面和供应链层面；质量协同控制的目标是要实现质量控制过程和质量控制结果两层目标；质量协同控制的标志是双方在环境维护、投入品来源、动物福利、档案管理、检疫检验和设施配置六个方面的质量标准认知和控制过程达到协同一致。

（4）肉鸡养殖场（户）和屠宰加工企业质量协同控制策略内容包括质量预防水平、质量检验水平、质量收益分配比例、质量成本分摊比例、质量缺陷惩罚比例，五个方面既相互独立又相互关联，协同影响鸡肉质量和供应链整体收益。

第**3**章

养殖与屠宰加工环节
质量协同控制的描述性分析

第 2 章从理论上阐述了鸡肉供应链中养殖与屠宰加工环节质量协同控制的基本问题。现实中，肉鸡养殖场（户）和屠宰加工企业的质量控制状况如何？两者之间的质量协同控制状况又是怎样的？本章将利用问卷调查数据，从环境维护、投入品来源、检疫检验、动物福利、档案管理和设施配置六大方面，描述性分析养殖与屠宰加工环节的质量控制标准认知、质量控制活动和质量协同控制状况，为后续研究提供现实基础。

3.1 调查问卷设计与样本数据特征

3.1.1 调查问卷的设计

针对上述问题，借鉴相关研究文献，结合专家访谈和实地调研结果，设计出鸡肉供应链中养殖与屠宰加工环节的质量协同控制调查问卷，详见附录 A 和附录 B。

3.1.2 数据来源

调查数据由山东农业大学"三农省情"调研中心和山东财经大学在校本科生（大三，曾多次组织和参与各种企业和社会调查活动）于

2017 年 2—3 月在全国 9 个省展开的实地调查得到。调查对象是当地的肉鸡养殖场（户）和屠宰加工企业，发放调查问卷分别为 600 份和 400 份。具体的调查步骤：首先对参与调查的学生进行了相关的培训，包括调查问卷的背景、调查的目的和意义，问卷中的相关指标和术语等；要求调查人员与被调查者进行面对面的交谈，被调查者当面填写问卷，可以随时沟通，可避免对问卷内容产生误解；对回收的问卷进行审核，剔除无效问卷，共计回收有效调查问卷肉鸡养殖场（户）504 份，屠宰加工企业332 份。

3.1.3 样本数据特征

两份调查问卷中的第一部分，为受访者的基本情况，如表 3 - 1 所示。

表 3 - 1 受访者的基本情况

屠宰加工企业受访者				肉鸡养殖场（户）受访者			
类型	选项	样本数/个	比例/%	类型	选项	样本数/个	比例/%
性别	男	304	91.57	性别	男	397	78.77
	女	28	8.43		女	107	21.23
年龄	35 岁及以下	80	24.10	年龄	35 岁及以下	113	22.42
	36 ~ 45 岁	162	48.80		36 ~ 45 岁	279	55.36
	46 ~ 60 岁	88	26.51		46 ~ 60 岁	86	17.06
	60 岁以上	2	0.60		60 岁以上	26	5.16
受教育程度	小学及以下	22	6.63	受教育程度	小学及以下	31	6.15
	初中	132	39.76		初中	201	39.88
	高中或中专	68	20.48		高中或中专	172	34.13
	大专及以上	110	33.13		大专及以上	100	19.84
从事年限	3 年以下	90	27.11	从事年限	3 年以下	86	17.06
	3 ~ 6 年	108	32.53		3 ~ 6 年	213	42.26
	7 ~ 10 年	88	26.51		7 ~ 10 年	193	38.29
	10 年以上	46	13.86		10 年以上	12	2.38

另外，笔者对调查地区进行了针对性选择，既充分考虑了肉鸡养殖规

模、屠宰加工生产能力和分布情况，又考虑了区域消费能力和特点等因素，并且对仅有几份有效问卷的个别省份进行了剔除，以避免其较差的代表性可能造成的误差。最后整理得到的受访肉鸡养殖场（户）和屠宰加工企业的有效问卷涉及山东省、广东省、辽宁省、吉林省、河南省、安徽省、江苏省、四川省、河北省9个省份。

从养殖规模上看，山东省、吉林省、辽宁省、河南省和江苏省是肉鸡主产区，肉鸡养殖量接近全国总量的一半。❶ 受访肉鸡养殖场（户）和屠宰加工企业区域分布详见表3-2和表3-3。

表3-2　受访肉鸡养殖场（户）和屠宰加工企业区域分布

调查对象		山东	广东	辽宁	吉林	河南	安徽	江苏	四川	河北	合计
屠宰加工企业	数量/份	60	47	36	28	36	40	30	26	29	332
	比例/%	18.07	14.16	10.84	8.43	10.84	12.05	9.04	7.83	8.73	100
肉鸡养殖场（户）	数量/份	128	55	45	40	63	45	48	42	38	504
	比例/%	25.40	10.91	8.93	7.94	12.50	8.93	9.52	8.33	7.54	100

表3-3　受访肉鸡养殖场（户）和屠宰加工企业区域分布

调查对象		地区		
		东部	中部	西部
肉鸡养殖场（户）	数量/份	314	148	42
	比例/%	62.30	29.37	8.33
屠宰加工企业	数量/份	202	104	26
	比例/%	60.84	31.33	7.83

从表3-1可知，受访肉鸡养殖场（户）中的53.97%、受访屠宰加工企业中的53.61%曾接受过高中或中专及以上的教育，80%左右受访者从事年限超过3年，故对所从事行业的技术、标准等比较熟悉，对问卷内容有较为准确的理解和把握，所以问卷数据具有较高的可信度。所以对获得的836份有效调查问卷的数据进行深入分析是可行的。

---

❶　根据《中国统计年鉴（2016）》数据，山东省肉鸡养殖量占全国的23.56%，吉林省和辽宁省共占9.75%，河南省占7.35%，江苏省占6.22%。

3.2　养殖与屠宰加工环节质量协同控制的分析思路与判断依据

认知就是通过人类的知觉、判断、想象等心理活动形成对外界事物的认识，是人类认识事物的过程。对于同样的事物，不同的人有不同的心理活动，亦会有不同的认知。而认知会影响行为，对事物不同的认知往往会导致不同的行为。所以肉鸡养殖场（户）和屠宰加工企业对质量控制标准重要性的认知，会影响其内部所采用的质量标准，影响其质量控制活动进而影响鸡肉质量协同控制。

根据鸡肉质量的影响因素即环境维护、投入品来源、检疫检验、动物福利、档案管理和设施配置六个方面，以及养殖与屠宰加工环节质量协同控制的内容、标志等，将从两环节的认知和控制活动两个层面比较分析肉鸡养殖场（户）与屠宰加工企业质量协同控制的现状与问题。

3.2.1　质量协同控制认知比较分析的思路及判断依据

根据李克特量表（Likert Scale），调查问卷中将肉鸡养殖场（户）与屠宰加工企业在环境维护等六个方面质量控制标准重要性认知划分为"很重要、重要、一般、不重要、很不重要"五个等级，将双方对质量控制标准的了解程度划分为"很了解、了解、一般、不了解、很不了解"五个等级。为了更加清楚地了解双方对标准认知的差别，分别对选项赋值5、4、3、2、1［数值越高，代表肉鸡养殖场（户）和屠宰加工企业认为该标准越重要，或对该标准的了解程度越高］。然后，计算肉鸡养殖场（户）与屠宰企业对质量控制标准重要性的认知、对质量控制标准了解程度的均值，便于从总体上了解差异；均值大于等于3即认为认知度高，小于3即认为认知度低。最后计算均值差。

通过比较均值差的大小和排序即可判断肉鸡养殖场（户）和屠宰加工企业对该质量标准重要性的认知协同状况：均值差越小，排序越接近，即认为双方对此问题认知越接近，双方认知协同状况越好；反之均值差越大，认知协同状况就越差。此外，两环节所采用的质量标准的比较虽属于质量控制活动，但也可运用上述思路进行比较和判断。

3.2.2　质量协同控制活动比较分析的思路及判断依据

肉鸡养殖场（户）和屠宰加工企业处于鸡肉供应链的不同环节，两者的劳动对象截然不同，所使用的设备和采用的工艺也大不相同，质量控制活动的内容、形式、规范等也不同，因此不能直观地比较双方质量控制活动。

调查问卷中每个问题有若干可选答案，其中有一个或多个备选活动是符合质量协同控制目标的。根据问卷获得的数据，可计算出两环节在环境维护等六个方面的质量控制活动符合质量协同控制目标的百分比，此比例越高意味着此项质量控制活动越符合标准，两环节的比例越接近意味着该项活动质量协同控制状况越好。

3.3　养殖与屠宰加工环节质量协同控制认知状况的比较分析

3.3.1　质量控制标准重要性的认知比较

根据养殖与屠宰加工环节质量协同控制的分析思路与判断依据，处理调查问卷数据，得到双方对质量控制标准重要性的认知状况，详见表 3 - 4。

表 3 - 4　受访肉鸡养殖场（户）与屠宰加工企业质量控制标准重要性的认知比较

项目		环境维护	投入品来源	检疫检验	动物福利	设施配置	档案管理
肉鸡养殖场（户）	重要性认知均值	4.39	4.35	4.13	4.10	4.06	4.03
	重要性排序	1	2	3	4	5	6
屠宰加工企业	重要性认知均值	4.62	4.30	4.31	4.12	4.25	4.21
	重要性排序	1	3	2	6	4	5
肉鸡养殖场（户）与屠宰加工企业认知均值差		0.23	0.05	0.18	0.02	0.19	0.18

1）质量控制标准重要性认知协同状况。

第一，从均值来看，双方在六个方面的认知均值都在 4 分以上，说明认知程度较高；第二，从双方标准重要性认知程度均值差来看，差值最大为 0.23，其次是 0.19，最小仅为 0.02，所以均值差是非常小的，说明双方对六个方面标准重要性的认知程度比较接近；第三，从重要性的排序来看，排在前三位和后三位的双方认知一致，并且重要性排序差异不大，差别较大的是受访肉鸡养殖场（户）认为动物福利标准更重要，排在第 4 位，而屠宰加工企业则认为动物福利标准最不重要，排在了第 6 位。

综合三个方面的结果，可以认为双方对六个方面的质量控制标准重要性的认知程度较高，标准重要性认知协同状况达到比较高的水平，这是双方能够进一步进行鸡肉质量协同控制的前提。

2）质量控制标准重要性认知协同状况的原因分析。

首先，肉鸡养殖场（户）和屠宰加工企业将环境维护、投入品来源、检验检疫都排在了前 3 位，说明双方认为环境维护、投入品来源、检验检疫这三个方面对于肉鸡养殖环节质量和屠宰环节质量都是最重要的三方面。但是屠宰加工企业在这三方面的认知程度均值都稍大于肉鸡养殖场（户）的认知程度均值，这主要因为相对来说屠宰加工企业规模比较大，企业的管理者往往受教育程度也较高，而肉鸡养殖场（户）当中有很多规模较小的个体户，其经营者往往受教育程度较低，对质量控制标准的重要性认知程度相对较低。双方均认为环境质量标准最重要，因为养殖环节环境质量直接决定肉鸡的生长环境及其质量，而屠宰加工环节环境质量直接影响鸡肉的感官质量和微生物指标。屠宰加工企业对所购入的肉鸡进行入场检验、宰前和宰后检疫检验，是判断购入肉鸡以及所生产鸡肉是否安全的重要依据，所以屠宰加工企业将检疫检验标准的重要性排在第2位；而肉鸡是养殖场（户）不断投入饲料、水等投入品通过肉鸡的生理机能转换而成的，所以肉鸡养殖场（户）会认为投入品来源质量标准比检疫检验更重要。

其次，肉鸡养殖场（户）和屠宰加工企业均将动物福利、档案管理、设施配置标准的重要性排在后3位，协同水平较高，但存在细微差别。受访肉鸡养殖场（户）将动物福利排在第4位，屠宰加工企业将动物福利排在了第6位，这是因为动物福利更多地体现在养殖过程中，包括肉鸡生活的环境福利、及时喂养福利、及时就医福利等，这些对肉鸡的成活率、肉鸡质量及企业效益有着直接影响；而肉鸡在屠宰加工环节存活的时间比较短暂，涉及动物福利的问题相对较少，主要体现在福利屠宰方面，所以其标准重要性排在相对次要位置。

档案管理质量标准的重要性方面，由于档案管理的意义及对肉鸡的质量影响是间接的，不易直观察觉，而很多肉鸡养殖场（户）的规模小，经营者受教育程度相对较低，对养殖档案的意义、质量追溯体系的建设没有深刻的认识，所以会将其排在第6位；而屠宰加工企业规模往往比较大，有着更先进的经营理念，对质量追溯体统认识更深刻，所以将档案管理质量控制标准的重要性排在了第5位。

设施配置标准的重要性方面，对肉鸡养殖场（户）来讲，配备先进的养殖设施是实现鸡肉质量安全的充分条件，而不是必要条件，能够起到锦上添花的作用，所以其重要性排在第5位；而对屠宰加工企业来讲，屠宰加工设备（比如冷藏冷冻设备、清洗设备等）会直接影响鸡肉质量，是必要条件，所以会将其排在第4位，比动物福利和档案管理更加重要。

综上所述，肉鸡养殖场（户）与屠宰加工企业在质量控制标准重要性认知方面的协同度达到较高水平。

3.3.2　质量控制标准了解程度的比较

根据肉鸡养殖与屠宰加工环节质量协同控制的分析思路与判断依据，通过整理调查问卷数据，得到肉鸡养殖场（户）和屠宰加工企业对环境维护等六个方面质量控制标准的了解程度，如表 3－5 所示。

表 3－5　受访肉鸡养殖场（户）与屠宰加工企业质量控制标准了解程度的比较

调查对象		环境维护	投入品来源	检疫检验	动物福利	档案管理	设施配置
肉鸡养殖场（户）	了解程度均值	3.74	3.76	3.71	3.64	3.67	3.78
	排序	3	2	4	6	5	1
屠宰加工企业	了解程度均值	3.92	3.98	3.84	3.62	3.81	3.66
	排序	2	1	3	6	4	5
肉鸡养殖场（户）与屠宰加工企业对标准了解均值差		0.18	0.22	0.14	0.02	0.14	0.12

1）质量控制标准的了解程度。

由表 3－5 可以看出，首先，肉鸡养殖场（户）和屠宰加工企业在环境维护等六个方面的质量标准的了解程度均值都在 3 以上，所以达到较高的水平。其次，从了解程度的均值差来看，差值最大为 0.22，最小为 0.02，均值差比较小，说明双方对六个方面标准的了解程度比较接近，协同水平比较高，但是相对于对质量控制标准重要性认知协同水平要差。肉鸡养殖场（户）对六个方面质量控制标准的了解程度由高到低的排序为设施配置、投入品来源、环境维护、检验检疫、档案管理、动物福利；屠宰加工企业的排序由高到低为投入品来源、环境维护、检验检疫、档案管理、设施配置、动物福利，对动物福利标准的了解程度双方都为第 6 位，排序一致，协同状况较好，其他五个方面排序都不相同。所以综合来看，现实中肉鸡养殖场（户）和屠宰加工企业对六个方面标准的了解程度的协同状况一般。

2）质量控制标准了解程度的原因分析。

首先，肉鸡养殖场（户）和屠宰加工企业对设施配置标准的了解程度均值差异虽不是最大，但是排序差异较大，肉鸡养殖场（户）将其排在第1位，屠宰加工企业排在第5位。原因在于肉鸡养殖场（户）的设施配置属于养殖场的硬件设备，市场上有很多生产和销售养殖设备的企业经常会向其介绍和推销各种设备，所以肉鸡养殖场（户）会有更多的渠道和机会了解设施配置标准，所以对此项标准是最了解的，调查问卷中显示达到很了解和了解的占74%以上。而对于屠宰加工企业来讲，其最主要的投入品是原料鸡，原料鸡的理化和感官质量很大程度决定屠宰加工厂鸡肉产品的感官和理化指标，所以屠宰加工企业对所采购的肉鸡的标准更为了解，排在首位；而对企业自身因素导致鸡肉质量问题的设施配置质量标准的了解程度更低，这也符合人们倾向于将外界责任放大而将自身责任缩小的心理。

其次，对投入品来源、环境维护和检疫检验三方面的质量标准，肉鸡养殖场（户）的了解程度分别排在第2、3、4位，屠宰加工企业排在第1、2、3位，分别相差1位，这主要是因为肉鸡养殖场（户）对设施配置的质量标准了解程度最高，排在第1位。所以这三方面双方的了解程度是比较一致的。

再次，肉鸡养殖场（户）将档案管理标准了解程度方面排在第5位，屠宰加工企业将其排在第4位。造成差异的主要原因是，目前我国肉鸡生产的主要组织模式是"公司＋农户"的形式，屠宰加工企业与肉鸡养殖场（户）之间按照合同或者惯例长期合作，对肉鸡养殖场（户）养殖档案的检查并不严格，很多时候是流于形式，所以许多肉鸡养殖场（户）对养殖档案的标准了解不够深入，存在不认真填写养殖记录，甚至随意填写的问题；但是屠宰加工企业的下游是超市，大型超市对供应商的生产档案检验通常会更加严格，所以对屠宰加工企业来讲必须认真填写和管理生产档案，所以对其了解程度也比较深，排第4位。

最后，动物福利质量标准的了解程度双方一致，均排在第6位，原因在于对于屠宰加工企业来讲，原料鸡在屠宰场存活的时间很短，所涉及的动物福利主要在福利屠宰环节，这个概念对规模较小的屠宰加工厂是比较陌生的，所以对动物福利的标准了解程度较低；对于肉鸡养殖场（户）来讲，尽管很多的受访者已经通过各种途径认识了这个概念及其重要性，但是数量众多中小规模肉鸡养殖场（户）对动物福利的标准和细节了解不够深入，所以排序靠后。另外，动物福利的概念在我国整体的认知水平较低，也导致双方对动物福利质量标准的了解程度最低。

3.4　养殖与屠宰加工环节质量协同控制活动的比较分析

在分析肉鸡养殖场（户）和屠宰加工企业的质量控制标准及其重要性认知协同状况后，下文将对双方质量控制的现状及协同状况进行分析。

3.4.1　采用质量标准的比较

肉鸡养殖场（户）和屠宰加工企业在环境维护等六个方面的质量标准可以划分为五个等级，即国家标准、行业标准、地方标准、企业标准和无标准五个层次。国家标准指的是国务院相关部门发布的、在全国施行的质量标准；行业标准是在没有国家标准但是又需要在全国有统一的技术要求时，在某行业而实施的质量标准；地方标准是在无国家和行业标准的情况下，在地方范围内所统一使用的质量标准；企业标准是由企业自己制定质量标准❶；无标准就是生产活动具有较大的随意性，没有固定的参考标准。

根据李克特量表，可对这五种标准分别赋值 5、4、3、2、1，然后计算出肉鸡养殖场（户）和屠宰加工企业所采用标准的均值和均值差，结果如表 3 - 6 所示。

---

❶ 根据《中华人民共和国标准化法》，在有国家标准、行业标准、地方标准时，企业标准要高于这些标准。但是在问卷调查过程中发现，不存在企业自己制定高于国家标准的情况。本书中的企业标准指的是企业自己制定的标准，并且低于国家标准。

表 3-6　受访肉鸡养殖场（户）与屠宰加工企业所采用标准的比较

调查对象		环境维护	投入品来源	检疫检验	动物福利	档案管理	设施配置
肉鸡养殖场（户）	标准均值	3.56	3.64	3.54	3.46	3.43	3.45
	排序	2	1	3	4	6	5
屠宰加工企业	标准均值	4.09	3.70	3.87	3.67	4.10	4.18
	排序	3	5	4	6	2	1
肉鸡养殖场（户）与屠宰加工企业的标准均值差		0.53	0.06	0.33	0.21	0.67	0.73

由表 3-6 可以看出，肉鸡养殖场（户）和屠宰加工企业在环境维护等六个方面所采用标准的均值都在 3 以上，所以达到较高的水平；均值差最大为 0.73，最小为 0.06，可见均值差较大；肉鸡养殖场（户）六个方面采用的标准均值由高到低的排序依次为投入品来源、环境维护、检疫检验、动物福利、设施配置、档案管理；屠宰加工企业所采用标准均值排序依次为设施配置、档案管理、环境维护、检验检疫、投入品来源、动物福利。从这三个方面来看肉鸡养殖场（户）和屠宰加工企业质量控制标准差异较大，协同状况差。

肉鸡养殖场（户）的设施配置质量控制标准与屠宰加工企业差距最大，其次是档案管理质量控制标准，导致这种状况最有可能的原因是我国肉鸡养殖（户）的数量较多，据调查的结果显示约占 58.93%，由于其规模小，专业化水平低，资金缺乏，没有动力和能力采用较高质量标准的设施配置。而肉鸡养殖场（户）动物福利标准的认知程度较低（排第 5 位），所采用的标准也会较低。而投入品来源、环境维护和检疫检验相比其他三个方面与肉鸡的健康和成长更加直接，所以采用的质量标准更加高一些。

3.4.2　环境质量协同控制的状况

根据肉鸡养殖场（户）和屠宰加工企业环境质量协同控制的内容、协同控制的目标与标志以及判断标准，对双方环境质量协同控制的协同状况分析如下。

1）养殖场（户）独有的环境质量控制。

肉鸡养殖场（户）每天都可能会产生病死鸡，对病死鸡的处理不当会产生大量细菌和病原，不仅污染环境，还有可能感染周边人群和鸡群，带来安全隐患。所以肉鸡养殖场（户）应该对病死鸡进行无害化处理。调查结果显示，受访肉鸡养殖场（户）处理病死鸡的方式中，采用最多的是焚烧（44.84%），其次是深埋（22.62%）、化制（13.77%），实现无害化处理的比例达到81.23%，但是仍然存在死前或死后扔掉（12.35%）及加工后出售（6.42%）的肉鸡养殖场（户），需加强控制。

2）屠宰加工企业独有的环境质量控制。

（1）废弃物无害化处理控制。屠宰加工企业的废弃物主要指生产中的下脚料、废弃的肉鸡残体等有机废物，处理不当容易滋生细菌，污染环境，使鸡肉受到二次感染，所以屠宰加工场应当及时对废弃物进行无害化处理。调查结果显示，受访屠宰加工企业当中，选择化制法处理的最多（45.78%），其次是深埋（20.48%）、焚烧（18.07%），实现无害处理的企业达到84.34%，但仍有15.66%的受访企业通过"扔掉"的方式处理废弃物。这说明大部分的屠宰加工企业能够对废弃物进行无害化处理，减少对环境的污染，降低鸡肉二次感染的概率。

（2）生鲜鸡肉专用门或通道控制。经屠宰、加工后的生鲜鸡肉鲜嫩多汁、营养丰富，极易滋生和感染细菌。所以屠宰加工厂应该设立生鲜鸡肉进出车间的专用门或通道，防止工作人员身体携带的病菌产生二次感染。调查结果显示，有73.49%的受访屠宰加工企业分设了人员和生鲜鸡肉进出的专用门或通道，26.51%的没有分设。

3）双方共有的环境质量控制。

（1）内部清洁消毒及驱蚊灭鼠的频率。屠宰加工企业内部清洁消毒可以减少或者消灭鸡舍或工厂的细菌和病毒，大大降低肉鸡（鸡肉）感染各种疾病和细菌的概率。根据调查结果，60.16%的受访肉鸡养殖场（户）和77.1%的受访屠宰加工企业能够做到每周消毒一次以上，屠宰加工企业的质量控制优于养殖场（户）。

　　蚊蝇和鼠类是多种疫病的传播者，通过驱蚊灭鼠可以阻断病菌传播的途径，保障肉鸡的健康和鸡肉的卫生。肉鸡养殖场（户）和屠宰加工企业驱蚊灭鼠情况的调查结果如图 3-1 所示。100% 的受访屠宰加工企业能做到定期驱蚊灭鼠，超六成企业能做到每月一次；而只有 37.1% 的受访肉鸡养殖场（户）能实现每月一次，还有部分从不驱蚊灭鼠。屠宰加工企业的质量控制明显优于肉鸡养殖场（户）。由此可见，肉鸡养殖场（户）在内部清洁消毒和驱蚊灭鼠质量控制方面要明显逊于屠宰加工企业，这为实现"源头上的鸡肉安全"带来挑战。

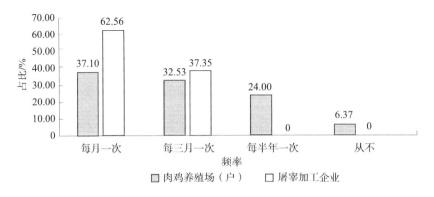

图 3-1　受访肉鸡养殖场（户）与屠宰加工企业驱蚊灭鼠频率对比

　　（2）外来人员和车辆的控制。进入肉鸡养殖场和屠宰加工企业的外来人员和车辆可能会携带病毒或细菌，如果不能加以控制并及时消毒可能会感染鸡群和鸡肉，带来严重的后果。所以肉鸡养殖场（户）和屠宰加工企业都应该有严格的制度控制外来人员和车辆，并加以贯彻执行。调查结果显示，受访肉鸡养殖场（户）中，18.86% 的车辆随便进入，58.54% 的登记后即可进入，22.60% 的登记并严格消毒和严禁进入；受访屠宰加工企业中，6.52% 的车辆随便进入，52.48% 的登记后即可进入，41.00% 的登记并严格消毒和严禁进入。由此可见，在对外来人员和车辆的控制方面，屠宰加工企业优于肉鸡养殖场（户），但是双方都需要进一步加强对外来车辆的控制，防止交叉感染。

　　综上所述，可得出以下结论：①在场区内清洁消毒、驱蚊灭鼠以及对外来人员和车辆控制双方共有的质量控制方面，受访屠宰加工企业表现明显优于肉鸡养殖场（户），双方协同控制状况比较差。②受访屠宰加工企业废弃物的无害化处理比例超过了 80%，受访肉鸡养殖场（户）病死鸡的无害化处理也超过了 80%，协同控制状况较好。③受访屠宰加工企业中有74% 分设生鲜鸡肉专用通道，比例较高。总体来讲，环境维护方面双方协同控制状况一般。

3.4.3　投入品来源质量协同控制的状况

1）养殖场（户）独有的投入品来源质量控制。

（1）饲料、兽药的合同控制。肉鸡养殖场（户）通过与供应饲料和兽药的企业签订合同，在出现质量问题时，可以明确双方的责任，更好地约束供应商的质量行为。调查结果显示，在购买饲料时，受访肉鸡养殖场（户）中，73.61% 的与卖方签订质量合同，26.39% 的不签订合同；在购买兽药时，66.67% 的与卖方签订质量合同，33.33% 的不签订合同。调查结果说明肉鸡养殖场（户）与供应商不签订合同的比例仍然较高，出现质量安全问题时可能会互相推诿，肉鸡养殖场（户）与其供应商之间的协同仍需进一步加强。

（2）兽药来源控制。肉鸡养殖场（户）所使用的兽药来源决定药品的质量，正规渠道的兽药更有质量保障。受访肉鸡养殖场（户）所使用的兽药来源由高到低分别为优先选择兽医开方并携带（33.73%），兽医开方、自由购买（22.53%），屠宰加工企业提供（21.83%），兽医开方、到指定兽药店购买（11.71%），合作社统一购买（8.82%），不需开方、自由购买（1.38%）。由此可见，大部分的肉鸡养殖场（户）的兽药来自可靠的渠道，但是由屠宰加工企业提供兽药的比例还很低，供应链的横向一体化功能仍需加强；地方合作社的力量以及提供的服务有待进一步加强和完善。

（3）饮用水质量控制。饮用水的质量直接决定肉鸡的健康状况。调查结果显示，受访肉鸡养殖场（户）中，54.56% 的使用自来水，30.35% 的使用深井水，15.09% 的使用池塘、水库和和河水；只有 38.61% 的受访肉鸡养殖场（户）经常对肉鸡饮用水和清洗水质量进行监测，52.58% 的偶尔检测，8.81%的从不监测。这一结果说明肉鸡养殖场（户）对肉鸡饮用水质量检测不足，需要进一步强化饮用水质量控制行为。

2）屠宰加工企业独有的投入品质量控制。

屠宰加工企业接收的肉鸡来源不同，肉鸡质量也会不同：一般认为规模养殖场经营管理制度比较健全，管理更规范，肉鸡质量安全更有保障。调查结果显示，受访屠宰加工企业待宰肉鸡来源中（可多选），来自合同养殖基地的最多（68.67%），然后依次是由肉鸡养殖场（户）送来（39.76%）、由商贩送来（36.14%）、自养（25.30%）、肉鸡合作经济组织（20.48%）；78.92%的受访屠宰企业要求供应方三证齐全。结果说明，屠宰加工企业的肉鸡大部分来自合作关系稳定养殖基地、合作经济组织等，但也有少量来自商贩，双方的合作关系缺乏稳定性和长期性。不过近80%的屠宰加工企业要求供应方提供三证，在一定程度上可以降低质量风险。

3）双方共有的质量控制。

受访肉鸡养殖场（户）中有60%的对购买的饲料进行激素和抗生素成分检测；受访屠宰加工企业中有55.71%的对购买的肉鸡进行抗生素和激素成分检测。这一比例比较接近，协同状况较好，但是总体水平较低，有待加强。

综上所述，可得出以下结论：①受访肉鸡养殖场（户）在购买饲料和兽药时，超1/4的不与供应方签订合同，与供应商关系不够紧密，当出现质量问题时很难追究责任，也不利于质量追溯体系的构建。②由屠宰加工企业提供兽药的肉鸡养殖场（户）只占到1/5，说明双方合作不够密切，屠宰企业的主导功能需进一步加强。③受访肉鸡养殖场（户）中八成以上都使用深井水或者自来水，但是只有不到四成经常对饮用水进行监测，比例较低，今后应加强对饮用水的监测控制，防止通过饮用水引发疾病。④双方对购进饲料或肉鸡进行激素和抗生素进行监测的比例都不超过六成，都需进一步强化。⑤屠宰加工企业的原料鸡仍有很大比例（40%）来自商贩或者单个的肉鸡养殖场（户），只有1/4是大型屠宰加工企业自养肉鸡，说明屠宰加工企业垂直一体化的程度还比较低，不过近80%的屠宰加工企业要求供应方要三证齐全，在一定程度上可以降低质量风险。以上结果说明，肉鸡养殖场（户）和屠宰加工企业投入品来源质量协同控制状况一般，实现养殖与屠宰加工两环节质量协同控制是非常现实的要求。

3.4.4　检疫检验质量协同控制的状况

1）养殖场（户）独有的质量控制。

（1）病鸡处理方式。当肉鸡养殖场（户）出现病鸡时，应正确处理，及时送兽医诊断，阻断疾病传播途径。受访肉鸡养殖场（户）中，30.36%首先选择到养鸡合作社就诊，28.57%选择请专业兽医来诊治，27.18%选择到兽医院问诊，13.89%自己凭经验处理。而选择后两者的（41.07%）很可能会因为肉鸡养殖场主表达不清楚或者经验不足延误病情，造成更大的损失。

（2）对传播性疾病的处理。当周边或该肉鸡养殖场（户）发生肉鸡的传播性疾病时，应当及时消灭病原，阻断传播。调查结果显示，受访肉鸡养殖场（户）中，7.34%会全部扑杀，88.89%会部分扑杀，只有3.77%不扑杀。这一结果说明绝大多数肉鸡养殖场（户）对传播性疾病的危害认识深刻，能够及时果断地扑杀阻断传播。

（3）注射器的使用。肉鸡养殖场（会）会经常为肉鸡注射疫苗或者药物，必须严格执行"一只鸡一个针头"，或者严格消毒后重复使用，防止针头上携带的病菌侵入其他肉鸡体内。调查显示，受访肉鸡养殖场（户）中的71.43%能做到一只鸡使用一个针头，或者消毒后重复使用；仍然有28.57%多只肉鸡使用一个针头。说明肉鸡养殖场（户）对这一问题认识不足，存在较大的安全隐患。

2）受访屠宰加工企业独有的检疫检验质量控制。

（1）宰前、宰后检疫检验及内容。屠宰加工企业通过宰前和宰后检疫检验，可以及时发现问题鸡肉，阻断细菌或病毒的传播。调查结果显示，有71.08%的受访屠宰加工企业对肉鸡进行宰前宰后检疫检验，有近30%的企业不进行宰前宰后检疫。受访屠宰加工企业质量检疫检验内容（可多选）中，由高到低排名依次为肉鸡精神状态（73.63%）、饮食状态

（59.04%）、胴体检验（43.37%）、内脏检验（27.47%）。以上数据说明，大多数屠宰加工企业进行屠宰前、宰后检验检疫。

（2）对第三方检验的认识和使用。对于第三方检验的了解状况，受访屠宰加工企业中有11.39%表示很了解，58.23%表示了解，24.05%表示不清楚，6.33%表示不了解；66.27%引入了第三方检验，33.73%没有引入。结果显示屠宰加工企业对第三方检验的认识和使用比较充分。

3）双方共有的检疫检验质量控制。

通过对员工定期和强制性的体检，可以有效地防止因为员工而产生传染性病原传播。受访肉鸡养殖场（户）和屠宰加工企业对员工体检的状况如图3－2所示：受访屠宰加工企业定期强制体检的比例要远远高于肉鸡养殖场（户），而近50%的肉鸡养殖场（户）虽然有定期体检的制度，但是没有强制实行，对体检的重要性认识不足。说明在这一环节屠宰加工企业质量控制水平高于肉鸡养殖场（户）。

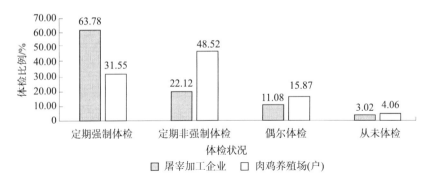

图3－2　受访肉鸡养殖场（户）和屠宰加工企业员工体检状况比较

综上所述，可以得出以下结论：① 在强制员工定期体检方面，屠宰加工企业的质量控制明显优于肉鸡养殖场（户），双方质量协同控制较差。②四成的肉鸡养殖场（户）仍然通过问诊或者自行诊断病鸡病情，可能会加大疫病风险；有三成的肉鸡养殖场（户）中存在多只鸡共用一个针头的现象，易造成交叉传染，应严格执行一只鸡使用一个针头或消毒后重复使用；出现传染疫情时，大部分肉鸡养殖场（户）能做到全部或部分扑杀肉鸡。③肉鸡养殖场（户）检疫检验的最多的是病原检疫，比例接近70%；

屠宰加工企业检疫检验最多的是宰前肉鸡的精神状态，比例超过 73%，双方检疫的比例比较一致。④屠宰加工企业中有超过 70% 的进行宰前宰后检疫检验，主要进行胴体检验和内脏检验。⑤屠宰加工企业当中有 70% 左右的受访者对第三方检验达到了解以上，并引入了第三方检验。总之，在检验检疫环节屠宰加工企业优于肉鸡养殖场（户），双方质量协同控制状况一般。

3.4.5　动物福利质量协同控制的状况

1）养殖场（户）独有的动物福利质量控制。

（1）及时投喂及诊治病情。定时定量给肉鸡喂食，可以避免因过度饥饿、营养不良带来的刺激，提高肉鸡的免疫能力，肉鸡的身体更加健康，生长速度更快。调查结果显示，77.58% 受访肉鸡养殖场（户）能够做到定时、定量给肉鸡饲喂营养配比合理的食物。出现疫病及时诊治，可以降低病鸡痛苦，避免鸡群感染，降低风险。94.95% 的受访肉鸡养殖场（户）能够对病鸡及时诊治。

（2）生长环境质量控制。受访肉鸡养殖场（户）在为肉鸡提供的人性化的环境条件当中（可多选），除了"可控适宜的湿度"这一条件的实现率略低以外，其他四个条件的实现程度均高于 78%（如图 3-3 所示）。这说明大多数肉鸡养殖场（户）能够充分认识生活环境的舒适性对肉鸡的健康及生长的影响。

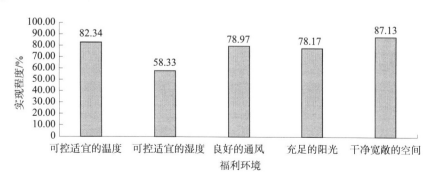

图 3-3　受访肉鸡养殖场（户）实现的福利环境

2）屠宰加工企业独有的动物福利质量控制。

屠宰加工环节实现人性化运输和屠宰，可以降低肉鸡的应激反应，提高鸡肉的感官质量和微生物质量。受访屠宰加工企业中，59.04%的了解山东省地方标准《肉鸡福利屠宰技术规范》；在运输、装卸、屠宰等过程中，80.72%的采取了措施降低肉鸡的应激，19.28%的未采取措施。

3）双方共有的动物福利质量控制。

肉鸡养殖场（户）和屠宰加工企业的惊吓、打骂肉鸡等行为会提高肉鸡的应激反应，使其产生生理和心理刺激，影响生长速度，降低免疫能力，在屠宰过程中会导致肌肉淤血，微生物污染加重，PSE肉〔俗称灰白肉，指颜色灰白（Pale）、质地松软（Soft）、有渗出物（Exduative）的肉〕增加，保水性和色泽差等问题。调查结果显示，21.03%的受访肉鸡养殖场（户）和26.51%的受访屠宰企业存在惊吓、打骂等虐待肉鸡的行为。

综上所述，可以得出以下结论：①八成的肉鸡养殖场（户）和屠宰加工企业能够做到不惊吓、打骂和虐待肉鸡，能够避免由此产生的鸡肉质量问题。②九成以上的肉鸡养殖场（户）能够及时为病鸡进行诊治；八成的肉鸡养殖场（户）能够做到定时、定量给肉鸡饲喂营养配比合理的食物。③近八成的肉鸡养殖场（户）能够实现人性化的环境管理，超过八成的屠宰加工企业在运输和屠宰过程中主动降低肉鸡应激。总之，肉鸡养殖场（户）和屠宰加工企业在动物福利质量控制方面协同状况较好。

3.4.6　档案管理质量协同控制的状况

1）养殖场（户）独有的档案管理质量控制。

肉鸡佩戴的脚环上有独特的编码，可以通过编码记录和了解肉鸡生长过程中的信息，这是实现鸡肉质量信息追溯的重要方式。对脚环作用的了解程度，受访肉鸡养殖场（户）中有63.29%表示熟悉或很熟悉，14.69%

表示不熟悉或者很不熟悉；进一步了解发现，受访肉鸡养殖场（户）中有53.57%的饲养的肉鸡佩戴脚环，其中30%会经常更新脚环的信息，70%表示偶尔更新，可见大多数肉鸡养殖场（户）对先进技术的了解和应用水平不高。

2）屠宰加工企业独有的档案管理质量控制。

质量安全追溯体系的建立是实现鸡肉供应链"从农田到餐桌"全过程食品安全的重要手段。调查结果显示，受访屠宰加工企业中，54.67%建立了质量安全追溯系统，45.33%没有建立；已建立的企业中，41.33%可追溯到物流部门，57.33%可追溯到肉鸡养殖场（户），40%可追溯到饲料供应者，28%可追溯到兽药供应者。

3）双方共有的档案管理质量控制。

养殖（生产）档案详细记录肉鸡进入养殖场到出场、屠宰、加工各个环节的信息，是实现质量追溯系统的重要组成部分。受访肉鸡养殖场（户）中，有65.08%建立了养殖档案；受访屠宰加工企业中，73.49%建立了生产档案，屠宰加工企业优于肉鸡养殖场（户）。在已建立档案的肉鸡养殖场（户）和屠宰加工企业中，主要记录的信息（可多选）如表3-7所示：受访肉鸡养殖场（户）记录信息最多的依次是鸡苗来源，饲料、添加剂和药品的使用情况以及日常消毒；屠宰加工企业记录最多的依次是肉鸡来源、关键点监制和宰前检验。

表3-7　受访肉鸡养殖场（户）和屠宰加工企业的档案记录信息状况

调查对象		鸡苗来源	饲料、添加剂、药品使用	日常消毒	免疫	诊疗	防疫监测	病死鸡无害化处理
肉鸡养殖场（户）	比例/%	66.31	55.42	52.56	52.54	38.56	36.34	48.54
	排序	1	2	3	4	6	7	5
调查对象		肉鸡来源	关键点监控	宰前检验	宰中检验	宰后检验	废弃物处理	监控设备检验
屠宰加工企业	比例/%	67.47	40.36	40.96	25.90	37.95	37.35	29.52
	排序	1	3	2	7	4	5	6

肉鸡养殖场（户）和屠宰加工企业已建档案的保存期限多在两年以上，尤其是受访屠宰加工企业，100%的在两年以上，受访肉鸡养殖场（户）保存期两年以上的占84.53%。

综上所述，可以得出以下结论：① 肉鸡养殖场（户）和屠宰加工企业建立养殖（生产）档案的比例分别为65.08%和73.49%，屠宰加工企业优于肉鸡养殖场（户）；双方档案保留的期限大部分能够实现两年，达到国家标准，协同控制水平较高；从档案记录的内容来看，屠宰加工企业表现优于肉鸡养殖场（户）。②仍然有近四成的肉鸡养殖场（户）不清楚甚至不知道脚环的作用，即使佩戴了脚环的养殖场（户）也只有三成会经常更新信息。说明类似脚环这样比较先进的信息设备远远没有普及，更难以发挥其真正的作用，在应用新的技术手段实现质量追溯方面还要解决很多的问题。这两个方面的问题会使鸡肉质量安全追溯体系难以有效地建立起来。③有过半数的屠宰加工企业有质量安全追溯系统，其中真正能够追溯兽药供应者的不足三成。综合来看，虽然屠宰加工企业档案管理水平高于肉鸡养殖场（户），但双方质量协同控制状况较差。

3.4.7　设施配置质量协同控制的状况

1）养殖场（户）独有的设施配置质量控制。

（1）鸡舍模式。不同模式的鸡舍内部温度和湿度的调节方式不同，受外界环境影响不同。封闭式鸡舍可以控制内部环境，受外界交叉感染少，适合规模较大养殖场；开放式鸡舍则容易受外界环境影响。受访肉鸡养殖场（户）的鸡舍多倾向于采用半开放式（55.56%），然后是密闭式（28.17%）、开放式（16.27%）。

（2）喂养方式。相对人工饲喂，机械喂养式方更加卫生、便捷，节省成本。受访养殖场（户）喂饲方式比例依次为人工饲喂（57.54%）、半机械饲喂（28.57%）、机械饲喂（13.89%）；72.82%的受访者拥有自动饮水器，27.18%的未采用。

（3）鸡舍的动物福利设施。鸡舍的动物福利设施能够为鸡群提供更加舒适和适宜的生活环境，有助于鸡群健康生长。受访肉鸡养殖场（户）拥有的动物福利设施比例依次是暖风炉增温（62.70%）、纵向风机（57.94%）、水帘降温（44.64%）、温湿度自动控制（34.13%）、淋浴系统（24.80%）和侧向风机（11.31%）。

2）屠宰加工企业独有的设施配置质量控制。

（1）运输工具。受访屠宰加工企业使用的运输工具依次为冷藏货车（85.54%）、保温货车（32.53%）、冷藏集装箱（26.51%）、普通货车（25.3%）等。

（2）加工车间的条件和设备。受访屠宰加工企业中有 42.17% 能实现远离污染、46.99% 实现专人管理、43.37% 实现定期消毒、30.12% 实现冷藏温度控制适当、26.51% 实现分类专室储藏；实现先进先出的比例最低是8.43%，其次是配备防暑防霉设施（12.05%）和肉品离墙隔地放置（15.66%）。

（3）包装技术类型。受访屠宰加工企业所应用的包装技术类型（可多选）分别为真空包装（39.76%）、气调包装（34.94%）、可食性膜包装（25.3%）、其他（24.1%）。

（4）冷藏储存设备。受访屠宰加工企业使用的冷藏储存设备（可多选）依次为普通储藏柜（55.42%）、封闭式冷藏或冷冻柜（42.17%）、敞开式冷藏柜或冰柜（27.71%）；采用的运输工具（可多选）主要是冷藏汽车（33.73%）和保温汽车（33.73%）。

3）双方共同的设施配置质量控制。

（1）设施配置水平。一般认为自动化的设施和工艺更高效、更清洁，能够更好地降低肉鸡的应激水平。受访肉鸡养殖场（户）和屠宰加工企业的生产设施的总体水平如图 3 - 4 所示。能够达到国际水平的受访肉鸡养殖场（户）不足 10%，屠宰加工企业的比例为 27.11%，说明达到国际水平的比例都比较低；二者设施配置水平达国内和省内水平的比例分别为 16.67%、20.63% 和 23.49%、23.49%，屠宰加工企业明显优于肉鸡养殖场（户）。

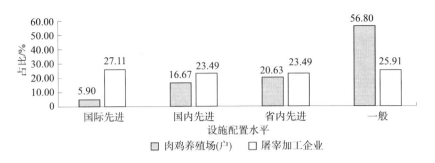

图 3-4　受访肉鸡养殖场（户）与屠宰加工企业设施配置水平

（2）网络设施及应用。企业网络设施可以提供多种服务，可简化工作流程，便于沟通交流和信息共享等。调查结果显示，62.65%的受访屠宰加工企业有完善的计算机网络设施，而肉鸡养殖场（户）中只有40.38%的拥有完善的网络设施。进一步发现，在拥有网络设施的受访者中，肉鸡养殖场（户）网络设施的用途（可多选）最多的分别是内部人员沟通交流（50.32%）、档案管理（43.81%）、生产管理（35.68%），质量追溯的比例最低（4.67%）；屠宰加工企业比例最高的为档案管理（63.47%）、生产管理（62.17%）、内部人员沟通交流（54.1%），比例最低的为合作伙伴沟通交流（39.28%）。

综上所述，可以得出以下结论：①肉鸡养殖场（户）设施配置水平低下可能会导致肉鸡生长发育缓慢，疫病防控难度加大；屠宰加工企业设施配置水平一般，可能会导致屠宰加工过程鸡肉易于感染细菌。肉鸡养殖场（户）和屠宰加工企业的设施配置水平为"一般"的均在50%以上，肉鸡养殖场（户）更是达到62%，协同控制水平较低。②网络设施方面，肉鸡养殖场（户）应用水平低于屠宰加工企业，双方应用最多的都是进行档案管理和内部人员间信息传递；双方用于合作伙伴间交流沟通和质量追溯的比例都不超过50%，屠宰加工企业优于肉鸡养殖场（户）。③肉鸡养殖场（户）的设施自动化水平不高，57.54%的能够实现机械喂养；半数以上受访者使用半封闭式的鸡舍，自动饮水设备水平相对较高。④屠宰加工企业所使用的包装技术大多还是真空包装，更加有效的气调包装应用比例不高；其冷藏设备中普通储藏柜使用最多；运用最多的是冷藏汽车。在这些方面都有较大的提升空间；只有42%以上的屠宰企业能实现远离污染、实现专人管理和定期消毒，在先进先出、分类储藏、离地隔墙放置方面有待提高。总之，屠宰加工企业设施配置水平优于肉鸡养殖场（户），但双方协同状况较差。

3.5　本章小结

（1）通过对来自全国9省的836份调查问卷对肉鸡养殖场（户）和屠宰加工企业的质量协同控制认知和行为进行统计分析，结果发现当前我国鸡肉供应链中肉鸡养殖场（户）与屠宰加工企业对环境维护、投入品来源等六个方面的质量控制标准重要性的认知程度都比较高，标准认知协同状况达到比较高的水平，这是双方进一步进行质量协同控制的基础。但是双方对六个方面质量标准的了解程度协同状况一般。

（2）进一步的统计分析发现，在质量控制活动实施过程中，肉鸡养殖场（户）和屠宰加工企业在动物福利方面比较协同一致，但是总体水平有待进一步提高；在环境维护、投入品来源和检疫检验三个方面的协同控制水平一般；在设施配置、档案管理两个方面的协同控制水平较差。导致协同控制水平一般或较差的主要原因是肉鸡养殖场（户）质量控制水平较差，屠宰加工企业的行为更加规范。

第 4 章

养殖与屠宰加工环节质量
协同控制影响因素的计量分析

第 3 章的描述性分析发现，目前我国鸡肉供应链中肉鸡养殖场（户）
与屠宰加工企业间的质量协同控制水平较低，肉鸡养殖场（户）在环境维
护等六个方面的质量控制水平多数落后于屠宰加工企业是主要原因。同
时，调查问卷数据也显示，与屠宰加工企业相比，肉鸡养殖场（户）实现
质量协同控制的意愿更薄弱❶。那么，肉鸡养殖场（户）质量协同控制受
哪些因素的影响？这些因素是如何产生影响的？本章将在描述性分析的基
础上，基于 504 份肉鸡养殖场（户）的调查问卷数据，通过构建结构方程
模型计量分析肉鸡养殖场（户）进行质量协同控制的影响因素及其作用关
系，为第 7 章促进质量协同控制对策建议的制定提供依据。

4.1 理论分析与研究假说

4.1.1 理论分析

在鸡肉供应链中，作为核心企业的屠宰加工企业往往规模比较大，经
营年限久，管理能力和技术水平都比较高，在上下游的协调管理中处于主

---

❶ 关于是否愿意与对方进行质量协同控制，本书所做的 504 份肉鸡养殖场（户）调查问卷
和 332 份屠宰加工企业调查问卷数据显示，91% 的受访屠宰加工企业表示愿意或比较愿意，75%
的受访肉鸡养殖场（户）表示愿意或比较愿意。

导地位；而上游的肉鸡养殖场（户）数量较多，规模不一，有规模化养殖场，也有规模较小的养殖户，他们对于鸡肉质量控制的认知水平及行为往往落后于屠宰加工企业，很大程度上受屠宰加工企业的影响。

综合现有关于影响肉鸡养殖场（户）质量控制的文献（刘铮，2017；余伟，2013），同时参考其他畜禽养殖场（户）质量控制影响因素的文献资料（孙世民，2009；汤国辉，2010；彭玉珊，2013；吴学兵等，2014），本书认为影响肉鸡养殖场（户）质量协同控制水平的因素包括五个方面：①经营特征，指肉鸡养殖场（户）自身的特征，包括肉鸡养殖场（户）的养殖规模、经营年限、职工数量三个要素。②标准认知特征，指肉鸡养殖场（户）对环境维护等六个方面的质量标准的认知程度。③协同控制认知特征，指肉鸡养殖场（户）对质量协同控制的认识程度，包括肉鸡养殖场（户）对质量协同控制的认知程度和参与协同控制的意愿两个要素。④环境特征，指鸡肉供应链的外部环境特征，包括两个要素，一个是供应链外部当地政府对质量协同控制的态度，另一个是如果其他肉鸡养殖场（户）都参加协同控制，那么该受访肉鸡养殖场（户）是否愿意实施协同控制。⑤决策者特征，指的是肉鸡养殖场（户）决策者的特征，包括其性别、年龄和受教育程度。

4.1.2　研究假说

从质量协同控制的概念出发，肉鸡养殖场（户）与屠宰加工企业间质量协同控制水平可从三个方面来衡量：第一是肉鸡养殖场（户）与屠宰加工企业信息沟通与共享的状况；第二是肉鸡养殖场（户）在屠宰加工企业的建议和要求下，主动与屠宰加工企业就质量协同控制状况进行沟通交流与调整状况；第三是出现质量问题时，肉鸡养殖场（户）与屠宰加工企业责任分担状况。

肉鸡养殖场（户）经营年限越久，对肉鸡生活习性了解得越多，对肉鸡质量标准认知越准确；肉鸡养殖场（户）的规模越大、经营年限越久、雇用职工数量越大，经营风险也就越大，且更加注重市场声誉，所以更有动力与屠宰加工企业协同合作，质量协同控制水平越高，协同控制认知水平也就越高。所以提出如下假说：

H1a：经营特征对肉鸡养殖场（户）标准认知特征产生显著的正向影响。

H1b：经营特征对肉鸡养殖场（户）协同控制认知特征产生显著的正向影响。

H1c：经营特征对肉鸡养殖场（户）质量协同控制水平产生显著的正向影响。

环境特征包括当地政府对质量协同控制的态度以及当其他肉鸡养殖场（户）都参加协同控制时该肉鸡养殖场（户）的态度两个方面。当地政府在政策、资金等方面越支持质量协同控制，就越能促进肉鸡养殖（户）对协同控制态度和意愿的改善，在与屠宰加工企业的沟通、行为调整及责任分担方面也会越积极。由于从众心理的影响以及协同效应的吸引，当其他养殖场（户）都实施协同控制时，受访者也倾向于跟进。所以，提出如下假说：

H2a：环境特征对肉鸡养殖场（户）协同控制认知特征产生显著的正向影响。

H2b：环境特征对肉鸡养殖场（户）质量协同控制水平产生显著的正向影响。

标准认知特征包括肉鸡养殖场（户）对肉鸡养殖质量控制六个方面质量标准的认知程度。肉鸡养殖场（户）对环境维护等六个方面的质量标准认知程度越高，就越能够了解实现标准的难度越大，单独依靠肉鸡养殖场（户）的能力越难以实现，所以就越促进肉鸡养殖场（户）对协同控制的态度和意愿的改变，及其行为的改变。所以，提出如下假说：

H3a：标准认知特征对肉鸡养殖场（户）协同控制认知特征产生显著的正向影响。

H3b：标准认知特征对肉鸡养殖场（户）质量协同控制水平产生显著的正向影响。

协同控制认知特征包括肉鸡养殖场（户）对待协同控制的态度及实现协同控制的意愿。认知决定行为，肉鸡养殖场（户）协同控制认知程度越高，那么其调整行为、承担责任的动力越强，协同控制水平越高。所以，提出如下假说：

H4：协同控制认知特征对肉鸡养殖场（户）质量协同控制水平产生显著的正向影响。

决策者特征，包括决策者的性别、年龄及其受教育程度。一般认为，男性决策者管理风格更加果断，思路更开阔，对标准认知特征和协同控制的理论和结果认知更深刻，参与协同控制的意愿更强；决策者年龄越大越不愿改变自身的行为模式，参与协同控制的意愿就越低，而决策者越年轻，越愿意尝试和参与新生事物，协同控制水平越高；受教育程度越高的决策者对质量标准认知和协同控制认知越深刻，参与协同控制的意愿也越强烈，协同控制水平越高。所以，提出以下假说：

H5a：决策者特征对标准认知特征产生显著的正向影响。

H5b：决策者特征对协同控制认知特征产生显著的正向影响。

H5c：决策者特征对协同控制水平产生显著的正向影响。

基于以上假说，提出肉鸡养殖场（户）质量协同控制水平影响因素模型，如图 4 - 1 所示。在假设的模型中，经营特征和环境特征为模型的外生潜变量，肉鸡养殖场（户）标准认知特征、协同控制认知特征和协同控制水平为模型的内生潜变量，决策者特征是控制变量。

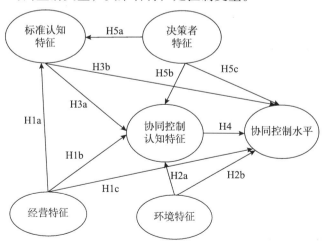

图 4 - 1　肉鸡养殖场（户）质量协同控制影响因素假说模型

4.1.3 变量说明

根据研究假说，本研究在计量模型中设计了 6 类解释变量，分别为经营特征、环境特征、标准认知特征、决策者特征、协同控制认知特征和协同控制水平，选择了 19 个指标变量。经营特征包括肉鸡养殖场（户）的从业年限、经营规模和职工人数；环境特征包括政府态度和其他肉鸡养殖场（户）都实施协同控制的话，受访者态度；标准认知特征包括环境维护、投入品来源、检疫检验、动物福利、档案管理和设施配置 6 个方面的质量标准认知状况；协同控制认知特征包括协同控制态度和肉鸡养殖场（户）的意愿；决策者特征包括决策者的年龄、性别和受教育程度；协同控制水平包括信息共享与沟通状况、行为调整状况和责任分担状况。表 4 - 1 对相关变量做了进一步说明。

表 4 - 1　模型中相关变量的含义

变量类别		指标变量	变量取值
外生潜变量	经营特征	从业年限	3 年及以下 =1；(3, 6] =2；(6, 10] =3；10 年以上 =4
		经营规模	2000 只及以内 =1；(2000, 2 万] =2；(2 万, 10 万] =3；(10 万, 20] =4；20 万以上 =5
		职工人数	10 人及以下 =1；(10, 20] =2；(20, 30] =3；30 人以上 =4
	环境特征	政府态度	很不支持 =1；不支持 =2；说不清 =3；支持 =4；非常支持 =5
		其他养殖场（户）都实施协同控制的话，受访者态度	不跟进 =1；说不清 =2；跟进 =3
内生潜变量	标准认知特征	环境维护	很不了解 =1；不了解 =2；说不清 =3；了解 =4；很了解 =5
		投入品来源	很不了解 =1；不了解 =2；说不清 =3；了解 =4；很了解 =5

变量类别		指标变量	变量取值
内生潜变量	标准认知特征	检疫检验	很不了解 =1；不了解 =2；说不清 =3；了解 =4；很了解 =5
		动物福利	很不了解 =1；不了解 =2；说不清 =3；了解 =4；很了解 =5
		档案管理	很不了解 =1；不了解 =2；说不清 =3；了解 =4；很了解 =5
		设施配置	很不了解 =1；不了解 =2；说不清 =3；了解 =4；很了解 =5
	协同控制认知特征	协同控制态度	没必要 =1；目前条件不具备 =2；应全面开展 =3
		肉鸡养殖场（户）意愿	不愿意 =1；比较愿意 =2；愿意 =3
	协同控制水平	信息共享与沟通状况	从不 =1；偶尔 =2；经常 =3
		行为调整状况	从不 =1；偶尔 =2；经常 =3
		责任分担状况	不分担 =1；全部分担 =2；双方按比例分摊 =3
控制变量	决策者特征	性别	女 =1；男 =2
		年龄	60 岁以上 =1；（45，60] =2；（36，45] =3；35 岁及以下 =4
		受教育程度	初中及以下 =1；高中 =2；大专 =3；本科及以上 =4

4.2　信度和效度检验

4.2.1　信度检验

对量表进行信度检验是为了保证其可靠性，α 信度检验是常用的方法。检验结果显示，总量表信度为 0.876，六大维度 α 信度（见表 4 - 2）均介于 0.653～0.837，说明量表具有较高的可信度。

表 4－2　变量的信度系数

变量	α 信度系数
标准认知特征	0.837
经营特征	0.792
环境特征	0.648
协同控制认知特征	0.705
决策者特征	0.753
协同控制水平	0.831

4.2.2　效度检验

效度（Validity）即有效性，它反映了测量工具和手段是否能够、多大程度上能够测量出事物间关系，即衡量期望结果与现实结果间的吻合程度。本书主要进行内容效度和结构效度检验。

内容效度是衡量测量内容的适当性和相符性。如研究假说中提出的，肉鸡养殖场（户）的经营特征、标准认知特征、协同控制认知特征、环境特征和决策者特征是影响肉鸡养殖场（户）与屠宰加工企业间质量协同控制水平的主要因素。这一假说是在相关研究文献（孙世民，2008；汤国辉，2010；彭玉珊，2013）的基础之上提出的，根据所研究对象略做了调整，具有比较丰富的研究基础，故问卷满足内容效度的要求。

结构效度是用来评价所采用的测量工具是否能够、在多大程度上能够反映命题内部结构，是衡量量表好坏的重要标准。本书通过 KMO（Kaiser－Meyer－Olkin）和巴特利特（Bartlett）球形检验进行结构效度检验。KMO 统计量用于比较变量间简单相关系数和偏相关系数，其取值在 0～1。若所有变量的简单相关系数平方和远远大于偏相关系数平方和，KMO 取值会接近于 1，说明变量间的相关性较强，适合进行因子分析；反之 KMO 越小，说明原有变量不适合做因子分析。检验结果发现，KMO 值为 0.861＞0.8，表明此量表适合做因子分析。巴特利特球形度检验用来检验原有变量的相关系数矩阵是否为单位阵，如果是单位矩阵则表明各变量间相互独立，无法提取公因子，从而无法做因子分析法。本书对 19 个观测变量进行巴特利特球形检验，观测值对应的近似卡方值为 1861.875，自由度为 173，显著性水平为 0（小于 5% 的显著性水平），所以拒绝原假设，即原有变量具有较好的结构效度，适合做因子分析。

本书采用主成分分析法，并依照特征值大于 1 的原则进行探索性因素提取，采用常用的正交旋转法。根据学者斯特劳布（Straub）（1989）的建议，应剔除在所有因素上负载值低于 0.5 或在多个因素上负载值大于 0.5 的题项。结果如表 4 - 3 所示，未出现上述情况，表明量表具有较好的收敛效度，可用于进一步分析。

表 4 - 3　旋转后的因子载荷系数

维度	题项	系数					
标准认知特征	动物福利	0.762	0.060	0.090	0.146	0.081	0.121
	设施配置	0.753	0.233	-0.020	0.047	0.079	0.079
	环境维护	0.648	0.071	0.066	0.422	0.197	0.197
	投入品来源	0.712	0.473	0.122	-0.003	0.320	0.010
	检疫检验	0.677	0.061	0.457	0.004	0.058	0.330
	档案管理	0.570	0.416	0.113	0.206	0.136	0.329
经营特征	从业年限	-0.013	0.731	0.198	-0.078	0.279	0.279
	经营规模	0.186	0.673	0.038	0.233	0.103	0.053
	职工人数	0.235	0.647	0.275	0.283	0.317	0.297
环境特征	其他养殖场（户）都实施协同控制的话，受访者态度	0.034	0.086	0.696	0.223	0.426	0.184
	政府态度	0.115	0.266	0.618	0.095	0.320	0.123
协同控制水平	责任分担状况	-0.015	0.069	0.396	0.682	0.063	0.168
	信息沟通状况	0.391	0.247	0.225	0.779	0.251	0.094
	行为调整状况	0.015	0.214	0.190	0.567	0.039	0.205
协同控制认知特征	协同控制态度	0.198	0.183	0.022	0.207	0.606	0.251
	养殖场（户）意愿	0.291	0.328	0.264	0.022	0.518	0.477

维度	题项	成分					
决策者特征	年龄	0.155	0.174	0.073	0.071	-0.006	0.687
	性别	0.081	0.068	0.026	-0.001	0.064	0.653
	受教育程度	0.113	0.092	0.036	0.054	0.098	0.726

4.3 模型检验与结果分析

本书运用 AMOS 21.0 软件对研究假说和结构方程模型进行检验。本阶段研究将应用最大似然估计法对结构方程模型进行参数估计，要求样本数据符合正态分布，因此在此先对样本数据进行正态分布检验。运用软件 SPSS 19.0 对样本数据进行分析，19 个观察变量的偏态系数（Skewness）的绝对值介于 0.031 ~ 0.773，均小于 3；峰度系数（Kurtosis）绝对值介于 0.109 ~ 1.139，均小于 8，因此本样本数据可视为符合正态分布。因此，对本样本数据使用最大似然估计法进行参数估计是稳健的。运用 AMOS21.0 软件对结构方程模型（假设模型见图 4 - 1）进行估计，得到初步运算结果，据此依次对初始模型进行修正，最终达到了如图 4 - 2 所示的较优模型。

修正后的模型显示，模型中估计值标准化系数没有超过或接近 1，没有负的测量误差值，可以进行整体模型适配度检验。根据评价结构方程模型拟合优劣的相关理论，通常采用以下几种指标来评价模型的拟合效果：①总体拟合指数（Goodness of Fit Index，GFI）、修正的拟合优度指数（Adjusted Goodness of Fit Index，AGFI）和比较拟合指数（Comparative Fit Index，CFI），取值在 0 ~ 1，越接近 1，表示模型整体拟合越好；②非集中性参数（Non - centrality Parameter，NCP）和近似均方根误差指数（Root Mean Square Error of Approximation，RMSEA），其值越小越好，一般认为低于 0.05 表示拟合良好，0.5 ~ 0.8 为拟合合理；③卡方自由度比值，取值小于 5 可视为良好的适配。对结构方程模型的整体模型适配度检验如

表 4-4 所示。各指标值均满足评价标准或临界值，说明修正模型的整体
适配度良好，与实际调查问卷的数据相契合，修正模型得到支持。

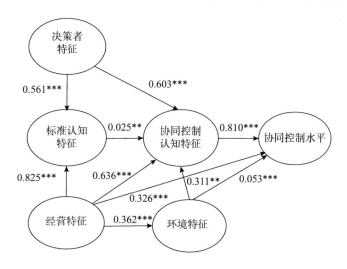

图 4-2　修正后的结构方程模型

** 在 0.05 水平上显著相关；*** 在 0.01 水平上显著相关。

表 4-4　修正后的模型适配度系数

	评价指标	实际拟合值	评价标准或临界值
绝对拟合指数	卡方值	261.292（$P = 0.000$）	$P > 0.05$
	残差均方和平方根	0.020	< 0.05
	渐近残差均方和平方根	0.071	< 0.05（拟合良好） ≥ 0.05 且 < 0.08 （拟合合理）
	拟合指数	0.923	> 0.90
	修正的拟合指数	0.916	> 0.90
相对拟合指数	规范拟合指数	0.904	> 0.90
	相对拟合指数	0.902	> 0.90
	用自由度调整后的规范拟合指数	0.917	> 0.90
	非规准适配指标	0.913	> 0.90
	比较拟合指数	0.916	> 0.90

评价指标		实际拟合值	评价标准或临界值
简约拟合指数	简约拟合指数	0.664	>0.50
	调整后的规范拟合指数	0.720	>0.50
	调整后的比较拟合指数	0.756	>0.50
	临界样本数	297	>200
	卡方值自由度比	2.639	<5
	一致赤池信息标准	511.835；920.916；2162.419	理论模型值小于独立模型值与饱和模型值

4.4 模型最终估计结果

修正后的结构方程模型最终估计结果如表4-5所示。结果表明，结构模型和测量模型中的路径系数均通过了5%的显著水平检验，证实了修正模型构建的合理性。

表4-5 结构模型估计结果

模型			参数估计	标准误差	临界比值	显著性水平	标准化路径系数
结构模型	标准认知特征	← 经营特征	0.787	0.093	8.462	***	0.825
	标准认知特征	← 决策者特征	0.835	0.189	4.417	***	0.561
	环境特征	← 经营特征	0.773	0.091	8.490	***	0.362
	协同控制认知特征	← 标准认知特征	0.026	0.134	0.194	0.035	0.025
	协同控制认知特征	← 环境特征	0.350	0.235	1.490	0.036	0.311
	协同控制认知特征	← 经营特征	0.643	0.256	2.509	0.012	0.636
	协同控制认知特征	← 决策者特征	0.844	0.082	9.162	***	0.603
	协同控制水平	← 协同控制认知特征	0.815	0.092	8.856	***	0.810
	协同控制水平	← 经营特征	0.241	0.027	8.920	***	0.326
	协同控制水平	← 环境特征	0.129	0.023	5.604	***	0.053
	协同控制水平	← 决策者特征	0.183	0.037	4.94	0.062	0.127

模型			参数估计	标准误差	临界比值	显著性水平	标准化路径系数
测量模型	环境维护	←	标准认知特征	1.000	—	—	—	0.587
	设施配置	←	标准认知特征	1.084	0.114	9.499	***	0.708
	档案管理	←	标准认知特征	1.122	0.120	9.337	***	0.690
	从业年限	←	经营特征	1.000	—	—	—	0.697
	经营规模	←	经营特征	1.272	0.112	11.321	***	0.707
	职工人数	←	经营特征	1.552	0.141	11.040	***	0.687
	养殖户态度	←	环境特征	1.000	—	—	—	0.611
	政府态度	←	环境特征	1.047	0.129	8.127	***	0.609
	信息沟通状况	←	协同控制水平	1.000	—	—	—	0.622
	行为调整状况	←	协同控制水平	1.189	0.115	10.303	***	0.714
	责任分担状况	←	协同控制水平	0.978	0.115	8.490	***	0.558
	协同控制认知	←	协同控制认知特征	1.000	—	—	—	0.684
	自身意愿	←	协同控制认知特征	1.252	0.107	11.687	***	0.743
	动物福利	←	标准认知特征	1.295	0.144	8.961	***	0.649
	检疫检验	←	标准认知特征	1.189	0.134	8.904	***	0.643
	投入品来源	←	标准认知特征	0.999	0.115	8.671	***	0.619
	年龄	←	决策者特征	1.000	—	—	—	0.582
	性别	←	决策者特征	0.937	0.120	7.453	***	0.134
	受教育程度	←	决策者特征	1.209	0.131	9.220	***	0.721

注:"←"表示直接效果或单方向的路径关系。带"—"的路径表示它们作为结构方程模型参数估计的基准,系统进行估计时把其作为显著路径,来估计其他路径是否显著。

*** 在 0.01 水平（双侧）上显著相关。

结构方程模型反映了肉鸡养殖场（户）的经营特征、环境特征、标准认知特征、协同控制认知特征、决策者特征和协同控制水平 6 个变量之间的相互关系。其中经营特征和决策者特征对标准认知特征具有显著的正向影响,与本研究假说一致,标准化路径系数分别为 0.825 和 0.561；标准认知特征、经营特征、决策者特征和环境特征对协同控制认知特征具有显著的正向影响,与本研究假设一致,标准化路径系数分别为 0.025、0.636、0.603 和 0.311,可知经营特征对协同认知特征影响最大,标准认知特征影响最小；协同控制认知特征、环境特征和经营特征对协同控制水平有显著的正向影响，与研究假说一致，标准化路径系数分别为0.910、0.053和0.326，可知协同认知特征对协同水平影响最大，其次是经营特征，环境特征影响最小。同时，模型还发现经营特征对环境特征有着显著的正相关影响，标准化路径系数是0.362；决策者特征对协同控制水平影响未通过显著性检验，标准认知特征对协同控制水平没有显著的正向影响，这三个发现进一步完善了理论假说。

测量模型反映了各潜变量和与之对应的指标变量之间的相互关系，结构模型反映了潜变量之间的关系，由模型估计结果及图4-2可知，假说H1a、H1b、H1c、H2b、H2c、H3、H4、H5a、H5b成立，肉鸡养殖场（户）协同控制水平是经营特征、标准认知特征、环境特征、决策者特征、协同控制认知特征等综合影响的结果。影响机理具体阐述如下。

1）经营特征。

经营特征由从业年限、经营规模和职工人数3个指标变量构成，标准化后的路径系数分别为0.697、0.707和0.687，且均为显著正相关。

肉鸡养殖场（户）的经营特征对标准认知特征有显著的正向影响，路径系数为0.825，说明从业年限越长、规模越大、职工人数越多的养殖场对养殖场的质量控制标准了解得越清楚。原因在于经营时间越久的肉鸡养殖场（户）对本行业的行业政策、法律法规就越了解，肉鸡养殖场（户）的规模越大、职工越多，业主投入的资金等成本越多，承担的风险也就越大，期望收益当然也越大，也就越关注行业政策和行业标准。

肉鸡养殖场（户）的经营特征对协同控制认知特征也有显著的正向影响，路径系数为0.636，表示规模越大的肉鸡养殖场（户）越愿意与屠宰加工企业进行信息的沟通和交流，越愿意接受屠宰加工企业的建议调整自身的质量控制行为，也越愿意承担相应的责任。原因在于规模大的肉鸡养殖场（户）投入的资金成本和时间成本越大，有更大的发展前景，跟屠宰加工企业有更多的沟通和交流，有开阔的视野和先进的经营理念，容易领会与掌握质量协同控制的内涵与方法，对行业存在的质量问题的根源认识更为深刻和准确，认识到通过协同合作改善鸡肉质量的紧迫性，有更高的意愿同屠宰加工企业协同合作。

肉鸡养殖场（户）的经营特征对协同控制水平直接影响的路径系数为0.326，为显著的正向影响。由此可见，经营年限越久、规模越大并且职工数量越多的养殖场（户）更加主动积极地与屠宰加工企业进行信息的共享与交流，主动调整质量控制行为，积极主动承担相应责任。对此的解释是，经营年限越长的肉鸡养殖场（户），往往具有良好的经营管理能力和先进的技术，同时其规模越大员工数量越多，其机会成本也就越高，社会责任越大，企业一旦因为质量问题而破产所带来的损失越大，故其决策更倾向于长远性。因此，规模大、从业年限越长的养殖场越倾向于与屠宰加工企业加强合作，应对激烈的市场竞争环境，越愿意主动同屠宰加工企业沟通交流，了解市场信息，改善质量行为，遵守行业规则和合作协议，承担相应的企业责任。

肉鸡养殖场（户）的经营特征对协同控制水平产生间接影响，其路径系数是0.024，产生的原因是经营特征同时对标准认知特征、协同控制认知特征和环境特征都有或多或少的直接影响，通过对三者的直接影响从而对协同水平产生间接影响。

与研究假说不同的是，检验结果发现肉鸡养殖场（户）的经营特征对环境特征有显著的正相关影响，标准化路径系数是0.362，这是对理论假说新的补充。经分析发现原因在于肉鸡养殖场（户）的环境特征包含两个要素，一个是当地政府对质量协同控制的态度，另一个是若其他的养（户）场户都实施协同控制的话，受访者是否要追随。而第二个指标和肉鸡养殖场（户）的经营特征分不开，肉鸡养殖场（户）的规模大小、经营年限等特征会决定其他肉鸡养殖场（户）的示范效应的大小：一般来讲，规模越大的肉鸡养殖场（户）对行业政策、技术等的变化更加灵敏，方向把握越准确，所以当行业其他竞争对手采取质量协同控制时，规模大、经营久的肉鸡养殖场（户）更愿意加入协同控制的行列。同时，规模大、员工数量大的肉鸡养殖场（户）具有先进的经营理念，同时对当地的经济发展有重要的促进作用，其经营理念和政策需要会传递给当地政府，从而影响政府的政策。

2）环境特征。

肉鸡养殖场（户）环境特征由当地政府的态度以及其他养（户）场户都实施协同控制受访者的态度 2 个指标构成，其标准化路径系数分别为 0.611 和 0.609，并且通过了显著性检验。

环境特征对协同控制认知有显著的正向影响，标准化路径系数为 0.311。对此的解释是当地政府对供应链质量协同控制的政策导向，比如在基础设施建设、人才培养和资金等方面给予支持，会强化肉鸡养殖场（户）对质量协同控制未来发展前景的认知，提高其协同合作的能力和意愿，政府持力度越大则认识水平越高；而其他肉鸡养殖场（户）的态度一方面会对市场上的产品竞争产生影响，另一方面会对其他肉鸡养殖场（户）产生示范效应，在从众心理的驱动下也会更愿意接受和参与质量协同控制。

环境特征对协同控制水平有显著正向影响，标准化路径系数为 0.053，意味着政府对供应链协同控制支持力度越大，那么质量协同控制水平就越高。对此的解释是：政府在信息技术、资金方面提供更多支持时，会很大程度提高肉鸡养殖场（户）与屠宰加工企业的沟通能力，更加便利地共享信息，降低协同控制成本。

3）标准认知特征。

标准认知特征由环境控制标准、投入品来源标准、检疫检验标准、动物福利标准、养殖档案标准和设施配置标准 6 个指标构成，其标准化路径系数分别为 0.587、0.619、0.643、0.649、0.690 和 0.708，且都通过了显著性检验。

标准认知特征对协同控制水平没有直接影响，而是通过协同控制认知特征间接影响协同控制水平，其标准化路径系数为 0.025。对这一实证分析结果，可做如下解释：肉鸡养殖场（户）决策者对投入品来源等的质量控制标准的认识与理解越深入，越能充分理解质量控制行为的作用与重要性，为进一步理解屠宰加工企业和社会监管部门的质量控制要求奠定了基础，故能全面和深入地认识到质量协同控制的必要性，其相应的协同控制态度就更加端正，协同控制意愿也更为强烈，从而能够促进质量协同控制实施。

4）协同控制认知特征。

协同控制认知特征由受访养殖场（户）协同控制的态度和协同控制意愿 2 个指标变量构成，其标准化路径系数分别为 0.684 和 0.743，且均通过了显著性检验。

协同控制认知特征对肉鸡养殖场（户）质量协同控制水平产生直接影响，标准化路径系数为 0.810，表明肉鸡养殖场（户）质量协同控制认知水平越高，其与屠宰加工企业进行质量协同控制的状况越好。对这一实证分析结果，可以做如下解释：认知是对外界事物的认识，认知影响行为，肉鸡养殖场（户）对质量协同控制发展趋势认知越准确，就越有可能采取相应的质量协同控制行为；肉鸡养殖场（户）对质量协同控制的意愿越强，就越有动力实施质量协同控制，所以协同控制认知对协同控制水平有直接的影响。

5）决策者特征。

决策者特征由决策者的年龄、性别和受教育程度 3 个指标变量构成，其标准化路径系数分别为 0.582、0.134 和 0.721，且都均通过了显著性检验。

决策者特征对标准认知特征有显著正影响，路径系数为 0.561，对协同控制认知特征认知有显著正向影响，标准化路径系数为 0.603。对此的解释为：男性决策者管理风格更加果断，思路更开阔，对标准认知特征和协同控制理论和结果认知更加深刻，参与协同控制的意愿更强；决策者年龄越大，越不愿意接受新的理论和知识，对新的标准认知度低，倾向于固守以往的经验，不愿改变自身的行为模式，参与协同控制的意愿就越低；受教育程度越高的决策者看待鸡肉质量问题更有深度，对质量标准认知和协同控制认知就越深刻，参与协同控制的意愿也越强烈。

与研究假说不同的发现是决策者特征对协同质量控制水平没有显著的正向影响。原因可能在于虽然决策者特征对标准认知特征和协同控制认知特征有显著的向正影响，决策者可能会有较强的意愿参与质量协同控制，但是要实施协同控制，以及多大程度上实现协同控制要受肉鸡养殖场（户）经营特征和当地环境特征的影响。

4.5　本章小结

（1）参考关于影响肉鸡养殖场（户）质量控制的文献，同时参考其他禽畜养殖场（户）质量控制影响因素的文献资料，提出影响肉鸡养殖场（户）质量协同控制水平的因素包括经营特征、标准认知特征、环境特征、决策者特征和协同控制认知特征。

（2）构建结构方程模型，并运用 AMOS 21.0 软件对研究假说和结构方程模型进行检验。结果显示：经营特征和决策者特征对标准认知特征具有显著的正向影响，标准化路径系数为 0.825 和 0.561；标准认知特征、经营特征、决策者特征和环境特征对协同控制认知特征具有显著的正向影响，标准化路径系数分别为 0.025、0.636、0.603 和 0.311（5% 的显著水平），可知经营特征对协同控制认知特征影响最大，标准认知特征影响最小；协同控制认知特征、环境特征和经营特征对协同控制水平有显著的正向影响，标准化路径系数分别为 0.910、0.053 和 0.326，可知协同控制认知特征对协同控制水平影响最大，其次是经营特征，环境特征影响最小；同时模型还发现经营特征对环境特征有着显著的正相关影响，标准化路径系数是 0.362，进一步充实了理论假说。

第 5 章

养殖与屠宰加工环节质量
协同控制的形成与实现机制分析

通过对肉鸡养殖场（户）与屠宰加工企业质量协同控制的描述性分析和计量分析可知，目前肉鸡养殖场（户）与屠宰加工企业质量协同控制中存在诸多问题，协同控制水平有待进一步提高。那么，怎样从实证出发，进一步剖析和发现肉鸡养殖场（户）与屠宰加工企业之间质量协同控制的形成与实现机制，为提高协同控制水平提供理论依据仍需要进一步深入研究。本章利用因果分析法、图析法，剖析肉鸡养殖场（户）与屠宰加工企业质量协同控制的形成机制，包括动力机制、传导机制、促进机制和保障机制；运用耗散结构理论中的熵变模型，揭示肉鸡养殖场（户）与屠宰加工企业间质量协同控制的实现机制，为第 7 章质量协同控制对策建议的制定提供理论支撑和依据。

5.1 养殖与屠宰加工环节质量
协同控制的形成机制分析框架

"机制"一词的原意是指机器的构造和工作原理，生物学和医学将其引申为有机体的构造、功能及其相互关系（王彩玉，2011）：当正常的生物机体发生某种生理或者病变时，各个器官之间可以通过相互联系、作用和协调来适应和应对这种变化。后来机制一词又被用来描述社会现象，其含义可表述为协调事物各部分之间的关系以更好地发挥其作用的具体运行方式。也就是说如果组织内部或者组织之间也存在这样的"构造、功能"

的话，就像是拥有了自我调节和适应系统，当外界环境发生变化时，这个系统就会自动开启，并根据环境随时调整应对策略，使整个系统的损失最小或者利润最大化。所以当组织中存在了这种机制后，可以提高组织管理效率，降低组织成本和风险。当然，企业内部或者企业之间不可能天然存在类似有机体的、完全不需要外界干预的自适应机制，但是可以通过一定的手段和途径主动培养和建立起来。

肉鸡养殖场（户）与屠宰加工企业的质量协同控制关系构成一个子系统，如果在此系统中构建一种质量协同控制机制，就可将双方质量控制行为协调统一起来，使其相互制约、相互促进、相互协调，防止系统出现质量问题，或者当出现质量问题时可以迅速找到解决问题的应对方案，使系统的利益最大化或者损失最小化。肉鸡养殖场（户）与屠宰加工企业都是独立的个体，他们间的质量协同控制机制不是天然存在的，需要双方乃至多方付出努力，共同创造条件才能逐渐形成，是一个渐进的过程。研究两者质量协同控制机制就是研究双方质量协同关系的形成、变化及实现的过程。据此，本书认为肉鸡养殖场（户）与屠宰加工企业间的质量协同控制形成机制可细分为动力机制、传导机制、促进机制、保障机制，它们之间的关系如图 5 - 1 所示。

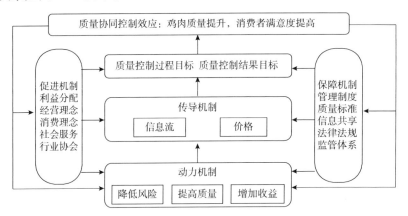

图 5 - 1　肉鸡养殖场（户）与屠宰加工企业质量协同控制形成机制

由图 5 - 1 可知，肉鸡养殖场（户）与屠宰加工企业间的质量协同控制形成机制由动力机制、传导机制、促进机制、保障机制构成，这 4 个机制既相互独立，又有着内在的联系。动力机制和传导机制共同主导着整个系统的运行，成为主导机制；以主导机制为核心构成一条主循环线，即"动力机制→传导机制→质量协同控制目标→质量协同控制效应→动力机制"，对系统起到支配作用，是肉鸡养殖场（户）与屠宰加工企业之间形成质量协同控制、改善鸡肉质量，进而满足市场需求，提升供应链整体利益和供应链主体自身利益的动力系统。而促进机制和保障机制共同辅助主导机制更加顺利地运行，成为辅助机制；辅助机制在主循环线两侧，以主循环线为依托，其促进作用和保障作用渗透于传导机制和动力机制的各个环节，促进机制加速质量协同控制的形成，保障机制则确保双方的质量控制行为向着协同一致方向发展。

5.2　养殖与屠宰加工环节质量协同控制形成的主导机制

5.2.1　动力机制

动力就是激发行为主体产生某种行为的力量；动力机制则是通过某种动力激发行为主体达到协调各部分发挥作用的具体运行方式。肉鸡养殖场（户）与屠宰加工企业质量协同控制的动力机制就是通过某种动力激发双方进行质量协同控制的具体运行方式。本书的问卷调查结果表明，肉鸡养殖场（户）与屠宰加工企业实现质量协同控制的动力主要来自三个方面：一是提高鸡肉质量，二是降低风险，三是增加收益。

5.2.1.1　提高鸡肉质量的驱动作用

鸡肉自古以来就是我国居民餐桌上的美食，也是重要营养来源。随着消费水平的提高和消费意识的改变，人们对鸡肉的需求不仅体现为数量的增加，同时也更加关注鸡肉的质量。由于鸡肉的生产过程比较复杂，周期较长，从鸡苗培育到最终销售经历了众多的环节，有众多的因素影响鸡肉质量。经历了"福喜过期肉"等食品安全事件，很多消费者对鸡肉质量持有怀疑态度，宁可支付更高的价格购买猪肉、牛肉等替代鸡肉，在一定程度上抑制了鸡肉市场的发展。另外，由于我国鸡肉质量标准过低，不能达到欧盟等国家和地区的质量标准，出口市场受到限制，鸡肉出口量仅为产量的3%，相对于美国、巴西等鸡肉生产大国，出口比例过低，国际市场发展不足。所以我国肉鸡养殖及加工产业面临着巨大的市场考验，如果不能显著改善鸡肉质量，就不能赢得国际国内消费者的信赖。问卷调查数据也显示，62.69%的受访肉鸡养殖场（户）、68.67%的受访屠宰加工企业认为，提高鸡肉质量是其实施供应链质量协同控制的原因。

为了提高鸡肉质量，满足国内外市场需要，肉鸡养殖场（户）与屠宰加工企业协同采用更高的质量控制标准，通过供应链信息平台共享质量信息、市场信息等，加强沟通，实现信息联动；由屠宰加工企业向肉鸡养殖场（户）提供信息技术、养殖技术、防疫技术等各方面的支持，提供优质鸡苗和饲料，指导和监督肉鸡养殖场（户）质量控制活动，协同控制产品质量，杜绝任何有损产品质量安全的机会主义行为，向市场提供安全可靠的鸡肉产品，满足国内外消费者需求。

5.2.1.2 降低风险的驱动作用

肉鸡养殖场（户）面临着各种风险，主要有疫病风险、市场风险和管理风险。①疫病风险属于行业风险，是由于肉鸡自身的生理特征决定肉鸡容易感染各种病菌和病毒。近年我国肉鸡养殖业受到几次规模较大的禽流感重创，每次禽流感的发生会导致鸡肉价格暴跌，大量的肉鸡养殖场（户）破产，这也是导致近十年我国鸡肉国际市场份额下降的主要原因之一。②市场风险主要是由市场供求变化所带来的价格变动，由于肉鸡养殖有一定的生长周期，养殖规模的调整有一定的滞后性，所以当市场需求变动较大时，肉鸡养殖场（户）不能及时调整养殖规模，面临着很大的价格风险。③管理风险属于个体风险，主要是由于肉鸡养殖场（户）缺乏先进的管理理念、管理制度不健全、管理不规范等，导致该养殖场（户）内部养殖环境恶化，疫病容易发生等，不仅养殖成本较高，还易导致肉鸡药物残留过高等个体风险。

屠宰加工企业面临的风险一方面是市场风险，即国内外市场行情变动带来的鸡肉价格的变化，另一方面是由肉鸡养殖场（户）的不良质量行为导致的产品质量风险以及由此可能产生的损失风险。

对于肉鸡养殖场（户）而言，通过与规模大、技术及资金实力雄厚的屠宰加工企业合作，可以获得屠宰加工企业提供的先进技术和资金支持，学习到先进的经营理念，同时必须采用和屠宰加工企业一致的质量标准，规范经营管理行为，形成完整的质量管理制度，这可以降低肉鸡养殖场（户）的管理风险，也相应地降低了屠宰加工企业的质量风险和成本风险；屠宰加工企业还可以向肉鸡养殖场（户）提供鸡苗、疫苗等生产资料，提供疫病防控知识和技术指导，可以降低疫病风险；形成供应链的合作关系后，肉鸡养殖场（户）的肉鸡稳定的供应给屠宰加工企业，只要质量达标就可以获得稳定的收益，避免了肉鸡养殖场（户）的后顾之忧；同时由于屠宰加工企业与鸡肉市场联系更加紧密，拥有更广泛的市场信息收集渠道和更灵敏的市场反应能力，能够通过供应链信息平台实现双方质量信息、市场信息联动，在一定程度上能够降低肉鸡养殖场（户）的市场风险，还可以保证肉鸡养殖场（户）最低的收购价格，即使是遇到规模较大的市场变动，也能保证肉鸡养殖场（户）的基本收益。

通过供应链质量协同控制提升了肉鸡养殖场（户）的质量标准，加强了对其质量行为的监督，减少了机会主义行为，也就降低了屠宰加工企业的质量风险和损失风险。

5.2.1.3　增加收益的驱动作用

在市场经济条件下，经济主体一切行为的原动力都来自对经济利益的追求，这是市场经济的本质和核心，肉鸡养殖场（户）和屠宰加工企业亦不例外。二者之所以要通过供应链协同控制鸡肉质量，向市场提供优质安全的鸡肉，最根本动力来自双方实现经济利益最大化的共同追求。笔者的调查结果也说明，追求经济利益是肉鸡养殖场（户）和屠宰加工企业实施协同控制最主要的动因。问卷调查结果显示，关于愿意参与质量协同控制的主要动因（可多选），72.82%的受访肉鸡养殖场（户）和72.29%的受访屠宰加工企业选择了"增加收益"。

通过质量协同控制提高产品质量，可以提升供应链整体竞争力，降低市场风险，同时也可以降低肉鸡养殖场（户）的疫病风险和管理风险以及屠宰加工企业的质量风险，满足更广泛的市场需求，实现整体利益最大化。在整体利益最大化的前提下，屠宰加工企业主导设计出利益共享和风险共担的收益分配机制，实现个体利益最大化。而肉鸡养殖场（户）和屠宰加工企业实现了个体利益最大化后，又会进一步强化双方寻求供应链协同控制来降低风险，提高质量的动机。

在提高质量、降低风险、增加收益三重动力的驱动下，经过肉鸡养殖场（户）与屠宰加工企业的多次合作博弈，双方做出理性选择，即紧密合作，成为一个经济共同体，协同控制鸡肉质量，更好地实现供应链质量目标。图5-2描述了肉鸡养殖场（户）与屠宰加工企业质量协同控制的动力机制。

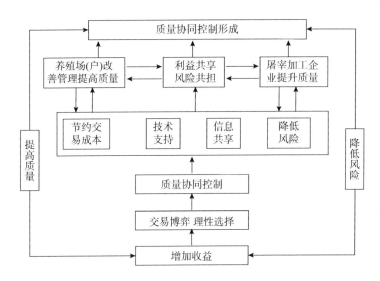

图5-2 肉鸡养殖场（户）与屠宰加工企业质量协同控制的动力机制

总之，肉鸡养殖场（户）与屠宰加工企业提高鸡肉质量、降低风险、增加收益是其实施供应链质量协同控制的原动力。肉鸡养殖场（户）与屠宰加工企业的质量协同控制是一个理性的、可持续的过程，通过协同控制产品质量来提高双方的竞争能力和收益，而这个结果又会刺激双方持续协同、改进协同的积极性，形成良性循环。

5.2.2　传导机制

无论在物理学、生物学还是经济学当中，传导的含义都是物质从一种状态变化为另一种状态的过程，并且这种改变都需要通过一定的介质来完成。供应链质量协同控制的形成同样需要通过一定传导机制来完成。传导机制研究的是肉鸡养殖场（户）和屠宰加工企业如何通过媒介相互作用成为有机联系的整体，从而实现质量协同控制、提高鸡肉质量。这一传导机制包含了信息流和价格两种传导媒介。

5.2.2.1　信息流的传导效应

信息协同是鸡肉供应链质量协同控制的基础，肉鸡养殖场（户）与屠宰加工企业间充分、准确、及时的质量控制信息流和质量状态信息流是动力传导的两个关键因素，通过这两个信息流可以改变信息不对称的状态，避免机会主义，协同控制和管理才能得以实现。

1）质量控制信息流。

肉鸡养殖场（户）与屠宰加工企业间的质量控制信息流指的是双方在养殖和屠宰加工过程中，相关的质量控制信息有序、定向、及时地流动和传递，它能够协调肉鸡养殖场（户）与屠宰加工企业的质量管理活动，使之朝着一致、有序的方向发展。质量控制信息既包括供应链节点层面的信息，也包括供应链层面信息。节点层面即供应链节点企业内部的质量控制信息流，一是肉鸡养殖场（户）内部所有持续的饲养过程、疫病防控和突发事件的记录等质量控制信息，二是屠宰加工企业记录的从原料鸡入场前的检疫检验信息，宰前和宰后检疫检验信息，以及生产加工储藏、库存和运输过程中的质量控制信息。供应链层面的信息流是打破企业边界在肉鸡养殖场（户）和屠宰加工企业间共享的质量控制信息，包括上述肉鸡养殖场（户）和屠宰企业内部共享的质量控制信息，屠宰加工企业的需求信息、价格信息及产品质量标准、质量安全理念、工艺等方面的信息。

2）质量状态信息流。

质量状态信息是质量控制的结果信息，也就是生产过程中鸡肉质量特性信息。质量状态信息流指的是养殖与屠宰加工过程中每个环节所形成的有关鸡肉质量特性的信息在饲养、屠宰加工过程中的定向、有序、及时地传递。肉鸡养殖场（户）与屠宰加工企业间不仅要有质量控制信息的共享，还要有质量控制结果的及时共享。质量状态信息流同样也包括供应链节点层面和供应链层面的信息流。供应链节点层面的质量状态信息包括：肉鸡养殖场（户）所有持续的饲养过程、疫病防控、突发事件的等质量状态信息；屠宰加工企业在入场前检验、宰前检验、宰后检疫检验储藏和运输过程中的质量状态信息。供应链层面的质量状态信息包括肉鸡从养殖场（户）的饲养、疫病防控、突发事件到屠宰加工企业入场检疫、宰前检疫、宰后检疫、生产加工、库存等过程中的质量信息是否一致，双方在各项活动中的质量标准和工艺是否一致。

质量控制信息流和质量状态信息流有助于肉鸡养殖场（户）及时接受市场信息、质量安全知识和技术，有助于屠宰加工企业及时发现并纠正肉鸡养殖场（户）不规范的质量行为和不符合标准的产品，防止问题产品流通到下一个环节，有助于实现供应链质量控制方式和控制结果从传统孤立状态向协同合作状态的转变。

无论是质量控制信息流还是质量状态信息流，都要通过一定的信息平台才能实现。这就需要在肉鸡养殖场（户）和屠宰加工企业充分利用区块链等先进技术，建立起信息共享平台，使供应链各行为主体都能够根据自己的权限及时地接受最新的信息和数据，与市场保持同步，为决策提供可靠的依据；加强供应链成员的信任关系，降低企业交易成本，提高竞争力；也可使消费者查阅鸡肉产品在供应链上的质量状态信息，实现质量追溯。

5.2.2.2 价格的传导效应

增加收入是肉鸡养殖场（户）和屠宰加工企业实施质量协同控制的主要动力。而通过实施质量协同控制，提高鸡肉质量、增加养殖场（户）和屠宰加工企业收入主要通过两个途径：一是可以开拓市场，满足更广泛的市场需求；另一个就是提高产品价格。在既定的市场中，肉鸡养殖场（户）希望通过提高价格来增加收入。所以双方是否能够积极、持续地实施质量协同控制、提高鸡肉质量，很大程度取决于价格依据质量变化而产生的传导效应。

肉鸡养殖场（户）按照合作协议，从环境维护、投入品来源等六个方面，付出更多的质量成本，按照统一的质量标准饲养肉鸡；屠宰加工厂通过信息共享平台进行监督、控制和指导，经质量检测、确认合格后，会按照双方议定的高价格收购肉鸡，从而能保障肉鸡养殖场（户）获得更高的收入。当某些肉鸡养殖场（户）怀有机会主义心理，不按照质量标准进行操作，企图节省成本、以次充好时，屠宰加工企业必须能够通过监管或者检测及时发现，拒绝以既定价格收购肉鸡，甚至进行经济或者精神惩罚；肉鸡养殖场（户）如果想获得既定收益，必须改变质量行为。屠宰加工企业与下游的超市也需要通过这样的合作协议进行协同合作，最终通过优质优价实现供应链总体收益和个体收益最大化。当肉鸡养殖场（户）和屠宰加工企业实施质量协同控制的利益得到保障后，会进一步刺激双方继续实施质量协同控制，提高产品质量，从而形成良性循环。在此过程中，鸡肉价格根据质量的变化而变动，充分发挥传导作用。

5.3　养殖与屠宰加工环节质量协同控制形成的辅助机制

5.3.1　保障机制

保障机制是为鸡肉供应链质量协同控制的实现提供物质和精神条件的因素及其相互间的关系，是动力机制和传导机制运行的必要条件。肉鸡养殖场（户）与屠宰加工企业要实现质量协同控制，离不开双方企业内部完善的管理制度、严格的质量标准、先进的供应链信息共享平台、完善的法律法规体系和强有力的监管。

1）企业制度的保障效应。

企业内部完善的制度建设为企业及其员工提供行为准则，是保证企业所有目标和理念得以实施的体制基础。肉鸡养殖场（户）与屠宰加工企业要在环境维护、投入品来源、检疫检验、设施配置、档案管理、动物福利6个方面实现质量控制过程和质量控制结果协同一致，根据质量标准制定科学的质量实施方法，据此制定严格的员工行为规范；确定科学的生产工艺和流程，配备相应的执行人员；设立相应的质量控制部门，配备相应的人力资源，对肉鸡养殖和屠宰过程中不同的环节进行质量检验和监督，并向肉鸡养殖场主或公司经理负责，将协同控制的目标落到实处。

2）质量标准的保障效应。

企业制度的制定是为了实现企业目标，其中质量目标是重要的内容，而评估和控制质量目标的尺度则是质量标准。肉鸡养殖场（户）和屠宰加工企业只有在环境维护等方面制定了严格且一致的质量标准，员工和企业的行为才能协同一致，有据可循。第3章的描述性分析显示，双方对质量标准重要性认知协同状况达到比较高的水平，都认为质量标准很重要，但是所采用的质量控制标准差异较大，屠宰加工企业优于肉鸡养殖场（户），协同状况较差。所以肉鸡养殖场（户）和屠宰加工企业应该协同制定严格、一致的质量标准，为员工行为规范提供依据。

3）信息共享平台的保障效应。

充分、及时的信息共享对肉鸡养殖场（户）和屠宰加工企业实现质量协同控制具有重要的传导效应，是供应链集成的关键。而信息及时充分地共享需要通过供应链信息共享平台来实现。信息共享平台是用来存放、收集和分发共享信息的中心，通常由核心企业来建立和维护。鸡肉供应链通过信息共享平台将供应商、肉鸡养殖场（户）、屠宰加工企业、超市、消费者等的饲养信息、生产加工信息、市场需求信息等加以整合、归类、共享，保障各方能够及时获取质量信息；在保障信息安全的条件下，实现生产过程中的质量安全监督、控制，以及消费者终端质量追溯。调查问卷数据也显示，关于不愿实施供应链质量协同控制的原因中，"缺乏完善的信息共享平台"排第 2 位，所占比例为分别为 40.16% 和 37.24%。所以作为核心企业的屠宰加工企业应寻求多方力量（政府、社会、企业、个人等）积极建设供应链信息共享平台，保障供应链信息集成和共享，实现信息协同。

4）法律法规的保障效应。

企业外部的保障机制包括相关的法律法规体系。完善的法律法规体系可以有效地规范、引导、保障肉鸡养殖场（户）和屠宰加工企业的质量控制行为及结果向符合消费者利益方向发展。欧美发达国家都有详尽的食品安全法律法规体系，有效的保障食品质量安全。中国也应针对禽类或鸡肉产品的特性出台专门的鸡肉产品或者禽类产品质量法、市场准入制度和认证制度，构建完善的质量可追溯体系等，防止和杜绝问题鸡肉进入市场，为肉鸡养殖场（户）与屠宰加工企业质量协同控制提供良好的环境。

5）监督管理的保障效应。

有了健全的畜禽产品质量法律法规，还要有相应的监管体系来监督和管理法律法规的实施。比如美国负责食品安全监管的机构共有 5 个，每个机构都有明确的职责和职能：美国农业部负责在联邦注册的屠宰场内、进出口及跨州交易的肉类及蛋类产品残留监测卫生部食品药物管理局负责肉类、禽类产品外的所有食品安全，并制定兽药、食品添加剂和环境污染物允许水平；农业部食品安全检验署监督联邦畜产品安全法规的执行情况；美国环境保护署负责饮用水、新的杀虫剂及毒物、垃圾等方面的安全；动植物卫生检验署，主要职能是监督和防止农业中的有害生物和家畜疾病。除了联邦畜产品监测体系外，各州还有自己的监测体系、各行业协会质量监测体系以及各家庭农场主质量自检中心，这样在美国形成了非常完善的食品安全监测体系，保证食品安全法律法规的实施（安玉莲等，2017）。调查问卷结果表明，关于不愿实施供应链协同质量控制的原因中，有 16.43% 的受访肉鸡养殖场（户）、20.48% 的受访屠宰加工企业表示政府监管力度不够。所以切实落实政府对鸡肉质量的监督和管理是保障鸡肉质量安全的重要因素。

5.3.2　促进机制

促进，推进加快之意。质量协同控制的促进机制就是研究推动和加快肉鸡养殖场（户）与屠宰加工企业质量协同控制发展的因素及其相互关系。促进质量协同控制的因素很多，主要包括先进的供应链管理理念、成熟的消费理念、公平合理的利益分配机制、健全的社会化服务体系、自主的行业协会。

1）供应链管理理念的促进效应。

供应链管理理念是供应链成员协同合作的指导思想，先进的经营理念能够适应市场变化，高度被成员认同，能够将合作企业有效地黏合在一起。鸡肉供应链的管理理念由屠宰加工企业来主导，应体现现代市场发展的规律，倡导协同、合作、共赢，以安全优质的产品满足消费者需求。当这一理念被供应链成员认同、接受后，对实现协同合作有极大的激励和促进作用。

2）公平合理利益分配机制的促进效应。

追求个体利益最大化是肉鸡养殖场（户）与屠宰加工企业实施供应链质量协同控制的最终动力。供应链公平合理的利益分配机制可以在实现整体利益最大化的同时，保证肉鸡养殖场（户）和屠宰加工企业个体利益最大化，对双方的质量协同控制行为产生激励和约束的效应，强化和促进两者之间质量协同控制的原动力，促进质量协同控制行为的持续发生。

3）成熟消费理念的促进效应。

消费者的消费理念决定其对鸡肉质量的需求，影响其购买行为，从而影响鸡肉供应链提供给市场的产品质量水平。如果消费者一味追求价格低廉，将价格作为衡量鸡肉产品的首要因素，则会导致市场以牺牲质量换取低价的混乱竞争；反之，消费者更加关注身体健康，关注食品营养、质量和安全，而将价格因素放在次要位置，那么会促使鸡肉供应链投入更多的成本和精力生产更加安全优质的鸡肉。调查问卷结果显示，肉鸡养殖场（户）不愿意参加质量协同控制的原因中，有 24.6% 的认为"消费者没有要求"。同时成熟的消费理念还表现为积极参与食品质量安全监督，以正当手段维护消费者权益，这些都能够促进肉鸡养殖场（户）与屠宰加工企业实现质量协同控制。

4）社会化服务体系的促进效应。

肉鸡养殖场（户）和屠宰加工企业的资金和技术力量有限，仅仅依靠自身难以满足技术更新、鸡苗换代等需求。健全的社会化服务体系可以为肉鸡养殖场（户）与屠宰加工企业质量协同控制提供更完善的畜禽医疗防疫、繁殖饲养技术、屠宰技术服务等各方面的支持，协助培养抗病能力强的鸡肉品种，更先进更安全的屠宰技术等，促进鸡肉质量不断提升。以兽医服务为例，目前我国养殖业仅仅依靠政府的力量提供医疗、技术等服务不能满足社会需求，需要广泛地利用社会各种资源和力量为养殖业提供各种服务。2017 年底，农业部发布《关于兽医社会化服务发展的指导意见》，鼓励大力发展兽医社会化服务体系。未来需要有大量的社会化力量进入兽医服务市场、种鸡繁育、屠宰技术等领域提供服务，促进肉鸡养殖业的服务水平。

5）行业协会的促进效应。

行业协会是一种介于政府和企业之间的社会中介组织，通常由行业内有代表性的企业法人以及自然人以自愿的形式参加，依据行业规则实行自律管理。行业协会内部集聚大量专业人才，可根据产业发展的国内国际动态和趋势，制定更加切实可行的行业质量标准；可以对畜禽产品质量进行严格的监督，打击假冒伪劣产品，维护行业信誉；还可以接受政府的委托，对行业内企业进行资格审查，签发各种认证如市场准入资格证等，实现良好的市场秩序。所以充分发挥行业协会的职能可以促进肉鸡养殖场（户）和屠宰加工企业提高鸡肉质量。

5.4　养殖与屠宰加工环节质量协同控制的实现机制

养殖和屠宰加工环节质量协同控制的实现机制是双方为了实现"降低风险、提高质量、增加收益"共同目标，在企业管理制度、信息共享平台、国家法律法规及监督管理等因素的保障作用下，以及先进的供应链管理理念、成熟的消费理念、公平的利益分配机制等诸多因素的促进下，肉鸡养殖场（户）与屠宰加工企业不断博弈、调整自身的质量行为，最终实现质量协同控制目标和效应，并进一步强化其动力机制和传导机制，从而形成良性循环的过程。本节将利用耗散结构理论的熵变模型来进一步详细阐述肉鸡养殖场（户）和屠宰加工企业实现质量协同控制的实现过程。

5.4.1　耗散结构理论概述

耗散结构理论由比利时布鲁塞尔非平衡统计物理学派领导人普利高津（Prigogine）于 1969 年提出。该理论认为，一个远离平衡态的非线性的开放系统（物理的、化学的、生物的乃至社会的、经济的系统）通过不断地与外界交换物质和能量，在系统内部某个参量的变化达到一定的阈值时，通过涨落系统可能发生突变即非平衡相变，由原来的混沌无序状态转变为一种在时间上、空间上或功能上的有序状态。这种由远离平衡的非线性区形成新的、稳定的宏观有序结构（孙世民等，2009），需要不断与外界交换物质或能量才能维持下去，因此被称为耗散结构。一言以蔽之，耗散结构理论研究通过与外界交换能量和物质，系统从混沌无序向有序转化的机理和规律。要形成耗散结构系统必须具备四个条件：开放系统、远离平衡状态、非线性关系、涨落（孙世民等，2009）。目前我国的肉鸡养殖场（户）与屠宰加工企业也可以看作一个系统，并且是远离平衡的、非线性的、开放的系统，通过此系统及外界环境的相互作用形成一个耗散结构。

（1）开放系统。耗散结构系统需要不断地从系统外部吸收能量或物质，改变系统内部混沌无序的状态，增加系统的有序度，孤立或者封闭的系统无法实现这种变化。肉鸡养殖场（户）和屠宰加工企业可以看作供应链系统的一个子系统，在子系统内部通过信息流、物流、资金流等结合在一起，各单位既相互独立又相互合作，但并非封闭的，因为它的运行受到来自外界的消费信息、行业政策、科学技术、竞争环境等因素的影响，比如外界先进的养殖和屠宰加工技术可以被系统学习和引进，可以根据市场供求变化调整养殖规模，其生产的鸡肉要系统外部的市场购买等。所以肉鸡养殖场（户）与屠宰加工企业构成一个开放的系统，正是因其开放性，才能够持久地运行下去。

（2）远离平衡态。耗散结构系统是一个远离平衡的系统，即系统内可测的物理性质处于极其不均衡的状态（孙世民等，2009），需要通过同外界的能量交换，走向一个高熵产生的、宏观上有序的状态。鸡肉供应链也处于不平衡的状态，肉鸡养殖场（户）和屠宰加工企业双方尽管存在共同的目标，但是毕竟双方产权难以一体化，出于个体利益最大化，时时存在着逆向选择和机会主义等可能导致的失衡；另外国内外消费者需求的变化、市场竞争的变化等与系统内部的生产计划之间也存在偏差可导致系统失衡，尤其是当系统信息流通不够充分时，可导致牛鞭效应，加剧这种不平衡。

（3）非线性关系。系统内部各要素之间的关系有线性和非线性两种（孙世民，2009）。线性关系（线性作用）在时间和空间上代表规则的、光滑的运动，其作用下的两个要素间的力量可以直接叠加，所以其作用结果是可预知的；非线性关系则指输出和输入之间既不是正比关系也不是反比关系，是一种不规则的运动和突变，其相互作用的结果往往是不可预知的，比如两只眼睛的视敏度不是一只眼睛的两倍，而是 6 ~ 10 倍。因其作用结果不可知，非线性关系代表了混沌；而混沌系统对外界刺激的反应比非混沌系统快得多。由肉鸡养殖场户和屠宰加工企业构成的供应链子系统内部的质量关系同样也存在着非线性关系。肉鸡养殖场（户）和屠宰加工企业既相互独立，又相互联系，作为核心企业的屠宰加工企业需要为肉鸡养殖场（户）提供优质鸡饲料、种鸡、兽药、养殖标准，并在养殖过程中提供技术和信息支持，监督和控制其质量行为和结果，协同肉鸡养殖场（户）控制肉鸡质量。这一协同控制和管理付出更多的质量成本，但所带来的鸡肉质量改善远远高于成本支出，不是"线性叠加"的增益，而是相互制约、相互推动的正反馈的倍增效应及负反馈的饱和效应等非线性关系（孙世民，2009）。

（4）涨落。一个由大量子系统组成的系统，其可测的宏观量是众多子系统的统计平均效应的反映。但系统在每一时刻的实际测度并非一成不变，也不是精确地处于这些平均值上，而是或多或少地有些偏差，这些偏差就叫涨落。一般情况下，这些涨落相对于平均值很小，影响不大；但是在接近阈值时，涨落可能会通过非线性作用而放大，最后促使系统达到新的宏观态。肉鸡养殖场（户）和屠宰加工企业构成的这个子系统也存在着诸如因企业文化、质量标准、技术手段等方面的差异造成的产品成本（价格）、供给量、产品质量方面的小涨落，当达到一定的阈值并被放大时，会推动系统达到新的更加有效的有序状态。

5.4.2　熵变模型构建

1）熵与熵变模型。

在系统分析中，熵（Entropy）的概念反映一个体系的混乱程度：熵越大，系统越混乱无序；反之，熵越小，系统越有序；熵值的大小与达到该状态的过程没有关系。在开放系统中，各要素通过吸收外界的信息、能量和物质可以有效地降低系统的熵值，从而提高系统的有序程度。

根据开放系统的熵变模型：$dS = d_eS + d_iS$，其中 dS 是系统总的熵变，d_eS 是系统与外界交换的熵变；d_iS 是系统内部产生的熵变，且是大于 0 的。若 d_eS 大于 0，则 dS 大于 0，即系统熵增加，通过与外界交换使得系统内部的无程度加剧；若 d_eS 小于 0，且 d_eS 的绝对值小于等于 d_iS，即系统熵减少，通过与外界交换使得系统内部无序程度降低，向有序演进。

2）质量协同控制熵及其熵变模型。

根据以往文献，本研究提出质量协同控制熵的概念，用来衡量肉鸡养殖场（户）和屠宰加工企业质量协同控制系统的无序程度和混乱状态。该系统虽开放但又相对独立，在双方质量控制不断改进、趋于协同的过程中呈现出有效能量不断减少、无效能量不断增加的不可逆的过程。根据耗散结构理论，要实现肉鸡养殖场（户）与屠宰加工企业质量协同控制系统持续改进、实现目标并维持在该状态，就要不断地从系统外部引入（吸收）负熵流 d_eS，抵消系统内部的正熵流 d_iS。而事实上，由于人类思维活动的局限性和认知事物的有限性，系统从外部获得的未必都是负熵流，也可能是正熵流；而自组织理论认为，系统内部各要素通过非线性的竞争，在竞争中某种趋势逐渐呈现优势地位并支配系统从无序走向有序（孙世民，2009）。也就是鸡肉供应链质量协同控制系统内部既产生正熵，也可能会产生负熵。为此，本研究在前期研究成果的基础之上，对熵变模型加以改进，设计了鸡肉供应链养殖与屠宰加工环节质量协同控制系统的熵变模型：

$$dS = d_eS + d_iS \qquad\qquad (5-1)$$

式中，$d_eS = S_{e1} + S_{e2}$，$d_iS = S_{i1} + S_{i2}$。式中，各变量代表的含义是：

dS 为肉鸡养殖与屠宰加工环节质量协同控制系统的总熵变；

d_eS 为肉鸡养殖与屠宰加工环节质量协同控制系统的正熵流；

d_iS 是肉鸡养殖与屠宰加工环节质量协同控系统的负熵流；

S_{e1} 是肉鸡养殖与屠宰加工环节系统内部质量协同控制正熵，称为第一类正熵；

S_{e2} 是肉鸡养殖与屠宰加工环节系统外部质量协同控制正熵，称为第二类正熵；

S_{i1} 是肉鸡养殖与屠宰加工环节系统内部质量协同控制负熵，称为第一类负熵；

S_{e2} 是肉鸡养殖与屠宰加工环节系统外部质量协同控制负熵，称为第二类负熵。

3）熵的类型。

（1）第一类正熵。第一类正熵产生于供应链内部，包括两个方面。第一，由于企业内部缺乏健全的管理制度和统一的质量标准，肉鸡养殖场（户）和屠宰加工企业质量控制混乱而导致。第二，养殖与屠宰加工环节信息不能充分共享。由于缺乏完善的信息共享系统，肉鸡养殖场（户）的质量信息不能及时被屠宰加工企业获取，很难实现质量监督和控制；同时屠宰加工企业所掌握的市场信息也不能及时被肉鸡养殖场（户）获取。信息不对称增加双方机会主义行为，增加系统正熵。

（2）第二类正熵。第二类正熵是由肉鸡养殖场（户）和屠宰加工企业系统外部因素而产生，包括两个方面。第一，相关法律法规不健全，导致质量控制行为缺乏管制。第二，监管不到位，导致法律、法规执行不力，不利于鸡肉质量的控制。法律法规的缺失及监管的不到位会大大加剧系统的紊乱性，增加系统正熵。

（3）第一类负熵。第一类负熵来自供应链系统内部，包括两个方面。第一，公平合理的利益分配机制。肉鸡养殖场（户）和屠宰加工企业能够根据自身投入的质量成本获得相应的收益，或者根据质量缺陷受到惩罚，会进一步激励双方改进养殖和屠宰质量行为，持续改善鸡肉质量，增加系统的有序度。第二，先进的供应链经营理念。鸡肉供应链拥有先进的经营理念，可更好地适应市场需求，促进成员改进质量行为，为质量协同控制提供负熵。

（4）第二类负熵。第二类负熵来自供应链外部，包括三个方面。第一，成熟的消费理念。消费者拥有成熟的消费理念，会增加对优质鸡肉的需求，同时积极参与社会监督，为供应链改善鸡肉质量提供系统负熵。第二，健全的社会化服务体系。社会化服务体系有效补充肉鸡养殖场（户）和屠宰加工企业资金、技术等的不足，可增加负熵，促进协同形成。第三，行业协会的作用。行业协会充分发挥其协调、监督的功能可增加系统负熵。

5.4.3 养殖与屠宰加工环节质量协同控制的实现过程分析

肉鸡养殖场（户）和屠宰加工企业作为供应链中的两个环节，是追求自身利益最大化的、独立的经济个体，实现质量协同控制需要一个不断发展和演进的过程。从耗散结构理论来看，在此过程中系统要不断地吸收负熵和减少正熵：通过不断减少第一类正熵流、消除第二类正熵流，强化第一类负熵流、吸收第二类负熵流，使质量协同控制的总熵变小并持续减少，促进和保障鸡肉供应链质量控制行为沿着正确的方向和路线有序演进，协同控制得以实现，鸡肉质量得以提高，供应链整体竞争力得以提升。以前文关于肉鸡养殖场（户）与屠宰加工企业质量协同控制形成机制的分析为基础，从熵变理论的视角来看，鸡肉质量协同控制的实现过程如图 5－3 所示。

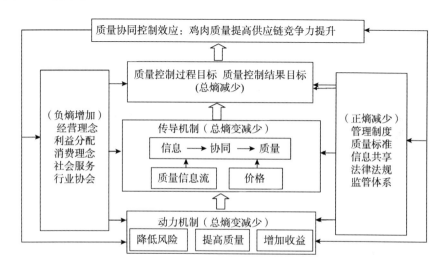

图 5－3　熵理论视角的肉鸡养殖场（户）与屠宰加工企业质量协同控制的实现机制

动力机制、传导机制、保障机制、促进机制形成了一条主线和两条辅线，"动力机制→传导机制→质量控制目标→协同效应→动力机制"是主线，沿着主线内部正熵不断减少；主线左、右两侧是辅助机制，左侧是具有促进作用的、系统负熵不断增加的促进机制，右侧是具有保障作用的、系统正熵不断减少的保障机制。

根据本节前文的分析得知，增加负熵流和减少正熵流是实现肉鸡养殖场（户）与屠宰加工企业质量协同控制目标和质量协同控制效应的根本途径。因此，要实现此目标，可以从以下三个方向寻求答案：第一，努力消除第一类正熵所造成的供应链内部效率的降低及其成本的增加，持续提升第一类负熵对供应链协同所产生的促进作用；第二，加强防范和控制第二类正熵所可能引致的外部环境的威胁，同时应该对第二类负熵进行消化和吸收，以期缓解或者抵消外部环境风险和威胁；第三，尽量减少肉鸡养殖场（户）与屠宰加工企业协同控制的总熵变，使质量协同总熵变小于零且不断减少，推动鸡肉供应链质量协同控制状态沿着正确的方向和路线有序演进。具体实现过程如下文所述。

5.4.4　减少系统内部正熵，逐步实现质量协同控制目标

肉鸡养殖场（户）和屠宰加工企业实施质量协同控制的目的是降低自身风险、提高鸡肉质量从而增加收益。在动力机制的作用下，肉鸡养殖场（户）会选择主动与屠宰加工企业沟通交流，确定养殖规模；由屠宰加工企业提供资金、技术等各方面的支持，并对质量形成过程进行监督和控制。从而肉鸡养殖场（户）能够降低自身风险，提高鸡肉质量，避免盲目地扩大或缩小养殖规模，适应市场需求；屠宰加工企业也会因为肉鸡养殖场（户）更加规范的质量控制行为、更先进的技术和更充分的信息交流而降低质量风险，提高收益。有此动力作为激励和约束，企业间的机会主义和道德风险会大大降低，系统质量控制行为和结果会趋于有序、可控，混乱度减少，系统正熵将会大大减少。

要发挥动力机制的作用，实现协同控制，需要在一定程度上实现管理的一体化，也即"横向一体化"，发挥核心企业屠宰加工企业的主导作用，对供应链整体的生产计划、质量等进行把控，需要充分、及时的质量控制信息流和质量控制结果信息流，实现信息共享，供应链成员对市场信息更加明了，制定的生产计划更加有效，质量控制行为和结果更加一致，质量控制目标更加接近，从而整个供应链系统正熵减少。

5.4.5　增加负熵流，实现促进机制

要增加第一类负熵流关键在于系统能够实现先进的供应链经营理念和

公平合理的利益分配机制；要增加第二类负熵流需要改变消费者的消费理念、健全社会化服务体系、加强行业协会的职能。

先进的经营理念。作为供应链的指导思想和行为准则，经营理念的价值不容忽视。先进的经营理念被供应链成员认同之后，会提高彼此的信任度，减少内部摩擦，降低交易成本，极大地增加系统负熵。屠宰加工企业应主导鸡肉供应链确定顾客价值至上、信息共享、协作共赢的经营理念，并通过宣传、培训等方式灌输给肉鸡养殖场（户），将合作伙伴凝聚为一体，提高供应链整体竞争优势。

合理的利益分配机制。无论是肉鸡养殖场（户）还是屠宰加工企业，其最终的目标是要实现自身利益最大化，他们愿意参与供应链协同质量控制与否，都是基于此而考量的。如果说供应链质量协同控制能够实现供应链的整体利益最大化为供应链成员描绘了宏伟的蓝图，那么合理的利益分配机制是推动其迈出步伐的第一诱因。合理的利益分配机制能够满足双方进行质量协同控制的参与约束和激励相容约束（周洁红等，2004），可强化质量协同控制的原动力，使肉鸡养殖场（户）和屠宰加工企业的行为和目标更加协同一致，加速系统有序化进程，增加负熵流，加速质量协同控制目标的实现过程。

成熟的消费理念。所谓成熟消费理念指的是消费者更加理性地看待鸡肉产品质量和价格，注重鸡肉质量安全，而不是一味追求低价格；成熟的消费者不仅能够甄别鸡肉产品质量，还能够提出改进产品质量的要求和建议，积极参与市场监督，维护自身消费权益。所以成熟、理性的消费者会对供应链质量行为形成巨大的督促力量，促进其改进鸡肉质量，从而增加系统负熵，推动肉鸡养殖场（户）与屠宰加工企业改进质量控制并趋近于目标。

完善的社会化服务体系。通过社会化服务体系广开渠道，通过个人或企业等社会资源为鸡肉供应链提供广泛的服务。肉鸡养殖场（户）要扩大规模，实现标准化养殖，购买先进的设备等，需要大量的资金支持，虽然部分屠宰加工企业可以对其进行资金支持，更多的屠宰加工企业无法实现；所以不能实现的资金部分需要通过银行、合作信用社、政府补贴等形式来筹集和实现。另外，肉鸡养殖场（户）和屠宰加工企业需要大量的专业技术人才，需要对技术人才进行定期培训，高校或者其他专业机构（比如托管公司）可以提供技术培训和专业技术支持。所以社会化服务体系可以补充企业力量的不足，提供资金、技术、人才及培训等支持，为质量协同控制提供持续的负熵流。

加强行业协会的职能。作为自律性组织的行业协会可以制定更加有针对性的鸡肉质量标准，向外界披露行业信息，代替政府行使质量监督职能，还可以在行业内实行质量认证制度，这些职能可以为肉鸡养殖场（户）与屠宰加工企业质量协同合作系统提供负熵，加速质量行为的改进。所以，应该壮大肉鸡（畜禽）行业协会的力量，强化行业协会自主监督、协调的职能。

5.4.6　减少正熵流，实现保障机制

要减少第一类正熵，需要在企业内部建立完善的管理制度，采用严格的产品质量标准，通过先进的信息共享系统共享信息；要减少第二类正熵，在企业外部逐步健全法律法规和加强监督管理。

（1）完善的企业管理制度。肉鸡养殖场（户）与屠宰加工企业内部有大量企业制度与产品质量相关，比如企业环境维护制度、投入品采购制度、检验检疫制度、档案管理制度、动物福利制度等。这些制度的完善与否，决定鸡肉质量控制行为的熵：管理制度健全，质量形成的各个环节按照明确的制度和规范控制和监督自身的质量行为，即使出现问题也能最快发现问题所在，并及时纠正，从而使质量系统有序度提高而混乱度下降，正熵减少。一般来讲，企业越大，其制度越健全，质量控制越规范有序；而规模越小的企业存在制度不健全、分工不明确、责任难以追究等问题。调查问卷的数据显示，我国年出栏低于2000只的肉鸡养殖场（户）占比超过20%，规模屠宰加工企业应该帮助和监督肉鸡养殖场（户）逐步完善内部管理制度和行为规范，减少系统正熵。

（2）严格的产品质量标准。企业制度的制定是为了实现企业目标，质

量目标是其中重要的内容，而衡量质量目标的尺度则是质量标准。所以肉鸡养殖场（户）和屠宰加工企业应该协同制定统一的质量标准，可以采用国际标准，也可以是国家标准；根据质量标准确定行为规范，使得质量控制行为和结果有据可循，有利于系统朝稳定有序的方向发展，从而减少系统增熵。

（3）先进的信息共享系统。质量控制信息流和质量状态信息流是实现协同控制的必要条件。系统内部先进的信息共享系统，可以保障合作伙伴之间以及与核心企业间的信息更加快速和准确地流通，避免信息传递时的滞后、失真，减少系统正熵。所以屠宰加工企业应该担负核心企业的主导功能，汇聚企业、高校等社会各界的资金、技术、人才等，打造供应链信息共享平台，保障信息共享，促进供应链横向一体化发展，提高有序度，减少系统正熵。

（4）健全的法律法规体系。对鸡肉质量进行协同控制，首先要建立起相关的法律法规体系，保证有法可依。如果说企业内部制度为其员工行为提供了质量行为准则，降低质量控制的内部正熵，那么法律法规体系则为企业制度的制定提供参考，促使其完善制度建设，减少系统正熵。2015 年我国修订了《食品安全法》，但不能针对鸡肉产品质量属性做出更详细的规定，这就在一定程度上增加了企业的机会主义行为，质量协同控制无法保障。今后需进一步地修改和完善鸡肉（禽肉）质量安全的法律和法规，减少和抑制系统正熵。同时还要完善鸡肉质量监督和管理体系，监管体系不到位，法律法规也就形同虚设；建立责权明确、协调一致、高效运转的食品安全监管体系是提高鸡肉质量安全控制水平的基础，可大大减少质量协同控制系统的正熵。

5.5　本章小结

（1）肉鸡养殖场（户）和屠宰加工企业的质量协同控制机制由动力机制、传导机制、促进机制、保障机制构成。四个机制既独立发挥作用又相互联系。

（2）通过"动力机制→传导机制→质量协同控制目标→质量协同控制效应→动力机制"这一主循环线可以不断改善鸡肉质量，同时实现供应链成员利益最大化；促进机制和保障机制作用于主导机制的各个要素，对质量协同控制形成具有促进和保障作用。

（3）动力机制、传导机制是肉鸡养殖场（户）与屠宰加工企业质量协同控制形成的主导机制。降低风险、提高质量和增加收益共同驱动肉鸡养殖场（户）和屠宰加工企业寻求质量协同控制，形成动力机制；充分、准确、及时的质量信息流以及公平合理的价格是实现质量协同控制的两个关键因素，形成传导机制。

（4）促进机制和保障机制是肉鸡养殖场（户）与屠宰加工企业实现质量协同控制的辅助机制。来自供应链内部的供应链经营理念、公平合理的利益分配机制，外部完善的社会化服务体系、成熟的消费理念、健全的行业协会对质量协同控制具有促进作用；供应链内部完善的企业管理制度、严格的质量标准、先进的信息共享平台，以及供应链外部健全的法律法规体系、有力的监管体系对质量协同控制具有保障作用。

（5）从耗散结构理论熵变模型的角度讲，鸡肉供应链中养殖场（户）与屠宰加工企业质量协同控制目标的实现是负熵流不断增加、正熵流不断减少，系统从无序向有序、从低级向高级演进的过程。

（6）熵变模型视角下，肉鸡养殖场（户）与屠宰加工企业质量协同控制机制中，通过增加负熵流和减少正熵流才能够提高双方质量协同控制水平，实现协同效应。具体有三个方向参考：第一，努力弱化或消除第一类正熵所造成的供应链内部效率的降低及其成本的增加，持续提升第一类负熵对供应链协同所产生的促进作用；第二，针对第二类正熵所可能引致的外部环境的威胁，应加强防范和控制，同时应该对第二类负熵进行消化和吸收，以期缓解或者抵消外部环境风险和威胁；第三，尽量减少肉鸡养殖场（户）与屠宰加工企业协同控制的总熵变，使质量协同总熵变小于零且不断减少，推动鸡肉供应链质量协同控制状态沿着正确的方向和路线有序演进。

第 6 章

养殖与屠宰加工环节质量
协同控制的博弈分析

同时实现供应链整体利益最大化、肉鸡养殖场（户）和屠宰加工企业的个体利益最大化，是实现肉鸡养殖场（户）与屠宰加工企业质量协同控制的动力和最终目标。但是怎样才能实现鸡肉供应链整体利益最大化，供应链整体利益怎样在肉鸡养殖场（户）和屠宰加工企业之间合理分配？只有科学回答这些问题，才能在满足个体理性的前提下实现集体理性，实现鸡肉供应链中养殖与屠宰加工环节的质量协同控制。本章将借鉴已有研究成果，考虑鸡肉质量形成的动态性，首先考虑肉鸡养殖场（户）的质量预防水平、屠宰加工企业的质量检验水平和质量预防水平，构建描述鸡肉质量变化的微分方程；再考虑质量控制收益及其分配和质量控制成本及其分摊，构建鸡肉供应链质量控制的博弈模型，确定不同博弈模式下肉鸡养殖场（户）与屠宰加工企业的质量控制策略及其协同条件；最后通过数值模拟验证所建模型的科学性和研究结论的正确性，为第 7 章的质量协同控制对策建议提供理论依据。

6.1 问题描述与基本假设

鸡肉供应链运行过程中，肉鸡养殖场（户）按照质量合格畜禽的标准和要求，在环境维护、投入品采购、检疫检验、动物福利、设施配置、养殖档案等方面采取质量预防措施；屠宰加工企业首先对肉鸡养殖场（户）提供的肉鸡进行毛色、步态、呼吸和体温等外在质量检验，以及疫病、兽药残留量和有毒有害物质含量等内在质量检验，然后按照畜禽屠宰加工工艺流程的标准和要求，在环境维护、设施配置、档案管理、动物福利、检疫检验等方面采取质量预防措施。借鉴已有研究成果（夏兆敏，2013），本研究进行如下基本假设。

（1）肉鸡养殖场（户）和屠宰加工企业都是经济人假设条件下的理性个体，双方均完全了解对方的成本和收益信息。

（2）鸡肉供应链提供给市场的鸡肉产品质量由肉鸡养殖场（户）的质量预防水平、屠宰加工企业的质量检验水平和质量预防水平共同决定，且随时间而动态变化。借鉴洪江涛等（2011）关于"供应链产品质量动态演变"的思想并进一步扩展，将鸡肉供应链中鸡肉产品质量随时间变化的规律表示为

$$\begin{cases} \dot{Q}(t) = \alpha x(t) + \beta y(t) + \gamma z(t) - \delta Q(t) \\ Q(0) = Q_0 \end{cases} \qquad (6-1)$$

式中，$Q(t)$ 表示鸡肉产品质量在 t 时刻的质量；$Q(0) = Q_0$ 为质量初始值；$x(t) \in [0,1]$ 表示肉鸡养殖场（户）在 t 时刻的质量预防水平，即养殖出质量合格肉鸡的概率；$y(t) \in [0,1]$ 表示屠宰加工企业在 t 时刻的质量检验水平，即将质量不合格肉鸡检验出来的概率；$z(t) \in [0,1]$ 表示屠宰加工企业在 t 时刻的质量预防水平，即将质量合格肉鸡屠宰加工为质量合格鸡肉产品的概率；α、β、γ 和 δ 均为大于零的常数，分别表示肉鸡养殖场（户）质量预防水平、屠宰加工企业质量检验水平和屠宰加工企业质量预防水平对鸡肉产品质量的影响系数（统称质量控制效果系数），以及鸡肉产品质量的相对衰减率。

（3）为避免价格竞争对鸡肉供应链质量控制策略的干扰，假定鸡肉价格为常数。参照洪江涛等（2011）关于市场需求、产品质量与供应链总收益间关系的假设，用线性函数描述鸡肉供应链总收益 $\pi(Q(t))$ 与鸡肉产品质量间的关系，表示为

$$\pi(Q(t)) = m + nQ(t) \qquad (6-2)$$

式中，m 和 n 均为大于零的常数，n 为鸡肉产品质量对鸡肉品供应链总收益的影响程度。

（4）肉鸡养殖场（户）的质量预防成本函数 $C(x)$、屠宰加工企业的质量检验成本函数 $C(y)$ 和质量预防成本函数 $C(z)$ 均是边际递增的凸函数，即 $\dot{C}(x) > 0, \ddot{C}(x) > 0, \dot{C}(y) > 0, \ddot{C}(y) > 0, \dot{C}(z) > 0, \ddot{C}(z) > 0$。因此，肉鸡养殖场（户）的质量预防成本函数可表示为 $C(x) = \dfrac{1}{2}\kappa x^2(t)$，屠宰加工企业的质量预防和质量检验成本函数可表示为 $C(y) = \dfrac{1}{2}\lambda y^2(t)$，$C(z) = \dfrac{1}{2}\mu z^2(t)$。式中，$\kappa$、$\lambda$ 和 μ 均为大于零的常数，分别为肉鸡养殖场（户）质量预防成本系数、屠宰加工企业质量检验成本系数、屠宰加工企业质量预防成本系数，统称质量控制成本系数。

（5）肉鸡养殖场（户）和屠宰加工企业共同分享鸡肉供应链总收益，其中肉鸡养殖场（户）分得总收益的比例为 σ，屠宰加工企业分得的比例为 $1 - \sigma$；其中 $\sigma \in (0, 1)$，称为收益分配系数。

（6）肉鸡养殖场（户）和屠宰加工企业有相同且大于零的贴现率 ρ，双方的目标都是在无限时区内寻求能够实现自身收益最大化的最优质量控制策略。

6.2　养殖与屠宰加工环节质量协同控制的博弈模型

根据肉鸡养殖场（户）和屠宰加工企业在供应链中的关系，可将双方间的博弈分为"双方独立平等的纳什非合作博弈"，"屠宰加工企业主导的斯塔克尔伯格主从博弈"和"双方协同合作博弈"三种情况，构建两级鸡肉供应链质量控制的博弈模型并对模型结果进行比较分析。

6.2.1　纳什非合作博弈模型

在纳什非合作博弈模式下，肉鸡养殖场（户）和屠宰加工企业的关系

是平等的，双方同时、独立地选择各自的最优质量控制策略，以实现自身收益最大化。则肉鸡养殖场（户）的目标函数为式

$$F(x) = \int_0^\infty \mathrm{e}^{-\rho t}\left\{\sigma[m + nQ(t)] - \frac{1}{2}\kappa x^2\right\}\mathrm{d}t \qquad (6-3)$$

屠宰加工企业的目标函数为

$$F(y,z) = \int_0^\infty \mathrm{e}^{-\rho t}\left\{(1-\sigma)[m + nQ(t)] - \frac{1}{2}\lambda y^2 - \frac{1}{2}\mu z^2\right\}\mathrm{d}t \qquad (6-4)$$

肉鸡养殖场（户）和屠宰加工企业的质量控制策略是当前状态变量鸡肉产品质量和时间的函数。由于所建模型中的所有参数都是与时间无关的常数，且在无限时区的任何时段，肉鸡养殖场（户）和屠宰加工企业实际上面对的是相同的博弈，因而双方的最优质量控制策略组合为静态反馈纳什均衡。为书写方便起见，下文将省略时间 t。

根据静态反馈纳什均衡的充分条件，肉鸡养殖场（户）的最优值函数 V_f 和屠宰加工企业的最优值函数 V_s 均是有界、连续、可微的，两者必须满足汉密尔顿–雅可比–贝尔曼（Hamilton – Jacobi – Bellman）方程（Dockner 等，2000）（以下简称"HJB 方程"），有

$$\rho V_f = \max_x \left[\sigma(m + nQ) - \frac{1}{2}\kappa x^2 + V_f'(\alpha x + \beta y + \gamma z - \delta Q) \right] \qquad (6-5)$$

$$\rho V_s = \max_{y,z} \left[\begin{array}{l} (1-\sigma)(m + nQ) - \frac{1}{2}\lambda y^2 - \frac{1}{2}\mu z^2 \\ + V_s'(\alpha x + \beta y + \gamma z - \delta Q) \end{array} \right] \qquad (6-6)$$

基于已有研究文献（洪江涛等，2011；夏兆敏，2014），本研究总结出 HJB 方程的"五步求解法"。

第一步，由式（6-5）和式（6-6）右边最大化的一阶偏导数条件得

$$x = \frac{\alpha V_f'}{\kappa}, \ y = \frac{\beta V_s'}{\lambda}, \ z = \frac{\gamma V_s'}{\mu} \qquad (6-7)$$

第二步，将式（6-7）分别代入式（6-5）和式（6-6），合并整理得

$$\rho V_f = \sigma m + \frac{(\alpha V_f')^2}{2k} + \frac{\beta^2 V_f' V_s'}{\lambda} + \frac{\gamma^2 V_f' V_s'}{\mu} + (\sigma n - \delta V_f')Q \qquad (6-8)$$

$$\rho V_s = (1-\sigma)m + \frac{(\beta V_s')^2}{2\lambda} + \frac{(\gamma V_s')^2}{2\mu} + \frac{\alpha^2 V_f' V_s'}{\kappa} + \left[(1-\sigma)n - \delta V_s'\right]Q$$

$$(6-9)$$

由式（6-8）和式（6-9）可见，关于 Q 的线性最优值函数是式（6-5）和式（6-6）对应的 HJB 方程的解，令

$$V_f = g_1 + h_1 Q$$

$$V_s = u_1 + w_1 Q \qquad (6-10)$$

式中，g_1、h_1、u_1、w_1 为待定常数。将式（6-10）及其对 Q 的导数分别代入式（6-8）和式（6-9）。

第三步，利用待定系数法进行求解得：$h_1 = \dfrac{\sigma n}{\rho + \delta}$，$w_1 = \dfrac{(1-\sigma)n}{\rho + \delta}$，$g_1 = \dfrac{\sigma}{\rho}\left\{m + \left(\dfrac{n}{\rho+\delta}\right)^2\left[\dfrac{\sigma\alpha^2}{2\kappa} + (1-\sigma)\left(\dfrac{\beta^2}{\lambda} + \dfrac{\gamma^2}{\mu}\right)\right]\right\}$，$u_1 = \dfrac{1-\sigma}{\rho}\left\{m + \left(\dfrac{n}{\rho+\delta}\right)^2\right.$ $\left.\left[\dfrac{\sigma\alpha^2}{\kappa} + \dfrac{1-\sigma}{2}\left(\dfrac{\beta^2}{\lambda} + \dfrac{\gamma^2}{\mu}\right)\right]\right\}$。

由于 α、β、γ、δ、κ、λ、μ、n、ρ 均为常数，为方便起见，令 $\dfrac{n}{\rho+\delta} = \theta$，$\dfrac{\alpha^2}{\kappa} = \varphi$，$\dfrac{\beta^2}{\lambda} + \dfrac{\gamma^2}{\mu} = \omega$。式中，$\varphi$ 和 ω 分别称为肉鸡养殖场（户）和屠宰加工企业的质量控制效果成本比，反映双方质量控制的难易程度。

第四步，将 $V_f' = h_1$、$V_s' = w_1$ 代入式（6-7），得到式（6-11）（肉鸡养殖场（户）和屠宰加工企业质量控制的静态反馈纳什均衡策略）。

$$\begin{cases} x^* = \dfrac{\sigma\alpha\theta}{k} \\[2mm] y^* = \dfrac{(1-\sigma)\beta\theta}{\lambda} \\[2mm] z^* = \dfrac{(1-\sigma)\gamma\theta}{\mu} \end{cases} \qquad (6-11)$$

由式（6-11）可见，肉鸡养殖场（户）和屠宰加工企业的质量控制策略与鸡肉产品供应链总收益分配系数 σ 有关。其中，肉鸡养殖场（户）的质量预防水平与 σ 呈正比，而屠宰加工企业的质量检验水平和质量预防水平均与 σ 负相关。因此，要不断改善鸡肉产品质量，就应确定合理的鸡

肉产品供应链总收益分配系数 σ，实现肉鸡养殖场（户）和屠宰加工企业质量控制策略的最佳组合。

第五步，将 g_1、h_1、u_1、w_1 代入式（6-10），则肉鸡养殖场（户）、屠宰加工企业和鸡肉供应链的最优值函数为

$$
\begin{cases}
V_f^* = \dfrac{\sigma}{\rho}\left\{ m + \dfrac{\theta^2}{2}\left[\sigma\varphi + 2(1-\sigma)\omega \right] \right\} + \sigma\theta Q \\[3mm]
V_s^* = \dfrac{1-\sigma}{\rho}\left\{ m + \dfrac{\theta^2}{2}\left[2\sigma\varphi + (1-\sigma)\omega \right] \right\} + (1-\sigma)\theta Q \qquad (6-12) \\[3mm]
V^* = \dfrac{1}{\rho}\left\{ m + \dfrac{\theta^2}{2}\left[(2-\sigma)\sigma\varphi + (1-\sigma^2)\omega \right] \right\} + \theta Q
\end{cases}
$$

6.2.2　屠宰加工企业主导的斯塔克尔伯格主从博弈模型

在斯塔克尔伯格主从博弈模式下，作为鸡肉供应链的核心企业，屠宰加工企业在质量控制过程中充当领导者角色，并主动分担肉鸡养殖场（户）的质量预防成本；肉鸡养殖场（户）是质量控制的跟随者，双方质量控制策略的决策是一个序贯非合作博弈过程。屠宰加工企业首先确定最优的质量检验水平、质量预防水平和肉鸡养殖场（户）质量预防成本分担比例 $\tau \in [0,1]$；肉鸡养殖场（户）在观察到屠宰加工企业的决策后再决定自己的最优质量预防水平；屠宰加工企业在做出决策前能够预料到肉鸡养殖场（户）的跟随反应。此时，肉鸡养殖场（户）和屠宰加工企业的最优质量控制策略组合为静态反馈斯塔克尔伯格均衡。

运用逆向归纳法，首先确定肉鸡养殖场（户）的最优质量预防水平。肉鸡养殖场（户）的目标函数为

$$
F(x) = \int_0^\infty e^{-\rho t}\left[\sigma(m+nQ) - \dfrac{1}{2}(1-\tau)\kappa x^2 \right] dt \qquad (6-13)
$$

肉鸡养殖场（户）作为斯塔克尔伯格博弈的跟随者，其最优质量预防水平的确定是一个单方最优化控制问题。根据静态反馈斯塔克尔伯格均衡条件和最优控制原理，肉鸡养殖场（户）的最优值函数 V_f 必须满足 HJB 方程

$$\rho V_f = \max_x \left[\sigma(m + nQ) - \frac{1}{2}(1 - \tau)\kappa x^2 + V_f'(\alpha x + \beta y + \gamma z - \delta Q) \right]$$

$$(6-14)$$

由式（6-14）右边最大化的一阶条件，得到肉鸡养殖场（户）的质量预防水平为 $x = \dfrac{\alpha V_f'}{(1 - \tau)\kappa}$。理性的屠宰加工企业在确定自己最优策略时已预测到肉鸡养殖场（户）的这一跟随反应，因此其目标函数为

$$F(y, z, \tau)$$

$$= \int_0^\infty e^{-\rho t} \left\{ (1 - \sigma)(m + nQ) - \frac{1}{2}\tau\kappa \left[\frac{\alpha V_f'}{(1 - \tau)\kappa} \right]^2 - \frac{1}{2}\lambda y^2 - \frac{1}{2}\mu z^2 \right\} dt$$

$$= \int_0^\infty e^{-\rho t} \left\{ (1 - \sigma)(m + nQ) - \frac{\tau}{2\kappa} \left(\frac{\alpha V_f'}{1 - \tau} \right)^2 - \frac{1}{2}\lambda y^2 - \frac{1}{2}\mu z^2 \right\} dt \quad (6-15)$$

式（6-15）的最优值函数 V_s 必须满足 HJB 方程

$$\rho V_s = \max_{y, z, \tau} \left[(1 - \sigma)(m + nQ) - \frac{\tau}{2\kappa} \left(\frac{\alpha V_f'}{1 - \tau} \right)^2 - \frac{1}{2}\lambda y^2 - \frac{1}{2}\mu z^2 \right.$$

$$\left. + V_s' \left(\frac{\alpha^2 V_f'}{(1 - \tau)\kappa} + \beta y + \gamma z - \delta Q \right) \right] \quad (6-16)$$

针对式（6-14）和式（6-16）对应的 HJB 方程，利用"五步求解法"，得到在斯塔克尔伯格主从博弈模式下，养殖场户和屠宰加工企业的最优质量控制策略为

$$\begin{cases} \tau^{**} = \dfrac{2 - 3\sigma}{2 - \sigma} & \left(\sigma < \dfrac{2}{3} \right) \\ 0 & \left(\sigma \geqslant \dfrac{2}{3} \right) \end{cases} \quad (6-17)$$

$$\begin{cases} x^{**} = \dfrac{(2 - \sigma)\alpha\theta}{2\kappa} \\ y^{**} = \dfrac{(1 - \sigma)\beta\theta}{\lambda} \\ z^{**} = \dfrac{(1 - \sigma)\gamma\theta}{\mu} \end{cases} \quad (6-18)$$

由式（6-17）可见，在收益分配系数 $\sigma \in (0, 2/3)$ 范围内，$\tau^{**} \propto 1/\sigma$。这表明，肉鸡养殖场（户）分得的鸡肉供应链总收益比例越高，屠

宰加工企业为其分担的质量预防成本比例越低。这体现了鸡肉供应链运作过程中，肉鸡养殖场（户）和屠宰加工企业之间利益分配与成本分摊的互动协调关系。最优控制策略条件下，肉鸡养殖场（户）、屠宰加工企业和鸡肉供应链的最优值函数为

$$
\begin{cases}
V_f^{**} = \dfrac{\sigma}{\rho}\left\{m + \dfrac{\theta^2}{4}\left[(2-\sigma)\varphi + 4(1-\sigma)\omega\right]\right\} + \sigma\theta Q \\[3mm]
V_s^{**} = \dfrac{1}{\rho}\left\{(1-\sigma)m + \dfrac{\theta^2}{8}\left[4(1-\sigma^2)\omega + (2-\sigma)^2\varphi\right]\right\} \\[3mm]
\qquad\quad + (1-\sigma)\theta Q \\[3mm]
V^{**} = \dfrac{1}{\rho}\left\{m + \dfrac{\theta^2}{8}\left[4(1-\sigma^2)\omega + (4-\sigma^2)\varphi\right]\right\} + \theta Q
\end{cases} \tag{6-19}
$$

6.2.3　协同合作博弈模型

在协同合作博弈模式下，肉鸡养殖场（户）和屠宰加工企业成为一个整体，双方以鸡肉供应链总收益最大化为目标，共同确定各自的最优质量控制策略，即质量协同控制策略。则鸡肉供应链的目标函数为

$$
F = F(x) + f(y,z) = \int_0^\infty e^{-\rho t}\left[m + nQ - \frac{1}{2}\kappa x^2 - \frac{1}{2}\lambda y^2 - \frac{1}{2}\mu z^2\right]dt \tag{6-20}
$$

式（6-20）的最优值函数 V 必须满足

$$
\rho V = \max_{x,y,z}\left[m + nQ - \frac{1}{2}\kappa x^2 - \frac{1}{2}\lambda y^2 - \frac{1}{2}\mu z^2 + V'(\alpha x + \beta y + \gamma z - \delta Q)\right]
$$
$$
\tag{6-21}
$$

利用"五步求解法"得到在协同合作博弈模式下，肉鸡养殖场（户）和屠宰加工企业的最优质量控制策略为

$$
\begin{cases}
x^{***} = \dfrac{\alpha\theta}{\kappa} \\[3mm]
y^{***} = \dfrac{\beta\theta}{\lambda} \\[3mm]
z^{***} = \dfrac{\gamma\theta}{\mu}
\end{cases} \tag{6-22}
$$

在协同合作博弈模式下，肉鸡养殖场（户）和屠宰加工企业按照 σ 和 $1-\sigma$ 的比例分配鸡肉供应链总体收益。因此有

$$\begin{cases} V_f^{***} = \dfrac{\sigma}{\rho}\Big[\, m + \dfrac{\theta^2}{2}(\varphi + \omega)\,\Big] + \sigma\theta Q \\[2mm] V_s^{***} = \dfrac{1-\sigma}{\rho}\Big[\, m + \dfrac{\theta^2}{2}(\varphi + \omega)\,\Big] + (1-\sigma)\theta Q \\[2mm] V^{***} = \dfrac{1}{\rho}\Big[\, m + \dfrac{\theta^2}{2}(\varphi + \omega)\,\Big] + \theta Q \end{cases} \qquad (6-23)$$

6.2.4　比较分析

根据式（6-11）和式（6-18）可得

$$x^{**} - x^* = \alpha\theta\,(2-3\sigma)\,/2\kappa, \quad y^{**} - y^* = 0\,z^{**} - z^* = 0 \qquad (6-24)$$

$$V_f^{**} - V_f^* = \sigma\varphi\theta^2(2-3\sigma)/4\rho \qquad (6-25)$$

$$V_s^{**} - V_s^* = \varphi\theta^2\,(2-3\sigma)^2/8\rho \qquad (6-26)$$

$$V^{**} - V^* = \varphi\theta^2\sigma(2-3\sigma)(2-\sigma)/8\rho \qquad (6-27)$$

综合式（6-24）、式（6-25）、式（6-26）和式（6-27），得出如下命题：

命题 1　若鸡肉供应链总收益分配系数 $\sigma \in (0,\ 2/3)$，则肉鸡养殖场（户）与屠宰加工企业间的斯塔克尔伯格主从博弈严格优于双方间的纳什非合作博弈。具体表现为，当双方由纳什非合作博弈过渡到斯塔克尔伯格主从博弈时，肉鸡养殖场（户）的质量预防水平提高，屠宰加工企业的质量检验水平和质量预防水平不变，肉鸡养殖场（户）、屠宰加工企业和鸡肉供应链的最优值函数均增加。

根据式（6-11）、式（6-18）和式（6-22）可得

$$x^{***} - x^{**} = \alpha\theta\sigma/2\kappa > 0, \quad y^{***} - y^{**} = \beta\theta\sigma/\lambda > 0$$

$$z^{***} - z^{**} = \gamma\theta\sigma/\mu > 0, \qquad (6-28)$$

$$V_f^{***} - V_f^{**} = \sigma\theta^2(\sigma\varphi - 2\omega + 4\sigma\omega)/4\rho \qquad (6-29)$$

$$V_s^{***} - V_s^{**} = \sigma\theta^2(4\omega - 4\sigma\omega - \sigma\varphi)/8\rho \qquad (6-30)$$

$$V^{***} - V^{**} = \theta^2\sigma^2(\varphi + \omega)/2\rho > 0 \qquad (6-31)$$

综合式（6-28）、式（6-31），得出如下命题：

命题2 肉鸡养殖场（户）与屠宰加工企业间的协同合作博弈整体上优于斯塔克尔伯格主从博弈。具体表现为，双方由斯塔克尔伯格主从博弈过渡到协同合作博弈时质量预防水平和质量检验水平均提高，鸡肉供应链的最优值函数增加。

根据式（6-11）、式（6-12）、式（6-22）、式（6-23）可得

$$x^{***} - x^* = \alpha\theta(1-\sigma)/\kappa > 0, \quad y^{***} - y^* = \beta\theta\sigma/\lambda > 0$$

$$z^{***} - z^* = \gamma\theta\sigma/\mu > 0, \qquad (6-32)$$

$$V_f^{***} - V_f^* = \sigma\theta^2(\varphi - \omega - \sigma\varphi + 2\sigma\omega)/2\rho \qquad (6-33)$$

$$V_s^{***} - V_s^* = (1-\sigma)\theta^2(\varphi - 2\sigma\varphi + \sigma\omega)/2\rho \qquad (6-34)$$

$$V^{***} - V^* = \theta^2[\varphi(1-\sigma^2) + \omega\sigma^2]/2\rho > 0 \qquad (6-35)$$

综合式（6-32）、式（6-35），得出如下命题：

命题3 肉鸡养殖场（户）与屠宰加工企业间的协同合作博弈是一种集体理性模式。具体表现为，在协同合作博弈模式下，肉鸡养殖场（户）的质量预防水平、屠宰加工企业的质量检验水平、质量预防水平与鸡肉供应链的最优值函数均大于分散博弈模式下的质量控制水平与最优值函数。

6.3 养殖与屠宰加工环节质量协同控制的实现条件与模拟仿真

命题3表明，肉鸡养殖场（户）与屠宰加工企业间的协同合作博弈是保障鸡肉产品质量的充要条件。根据制度经济学的基本原理，只有通过设计合理的鸡肉供应链总收益分配制度，才能在满足个体理性的前提下实现集体理性。即确定合理的鸡肉供应链总收益分配系数 σ，确保对于肉鸡养殖场（户）和屠宰加工企业的收益来说协同合作博弈是帕累托（Pareto）最优的，双方才能开展质量协同控制，使鸡肉质量得以不断改善。

6.3.1　质量协同控制的实现条件

根据式（6-29）、式（6-30）、式（6-33）、式（6-34），肉鸡养殖场（户）和屠宰加工企业的个体理性条件为

$$\begin{cases} \sigma\theta^2(\sigma\varphi - 2\omega + 4\sigma\omega)/4\rho \geqslant 0 \\ \sigma\theta^2(4\omega - 4\sigma\omega - \sigma\omega)/8\rho \geqslant 0 \end{cases} \quad (6-36)$$

$$\begin{cases} \sigma\theta^2(\varphi - \omega - \sigma\varphi + 2\sigma\omega)/2\rho \geqslant 0 \\ (1-\sigma)\theta^2(\varphi - 2\sigma\varphi + \sigma\omega)/2\rho \geqslant 0 \end{cases} \quad (6-37)$$

由式（6-36）得

$$2\omega/(\varphi + 4\omega) \leqslant \sigma \leqslant 4\omega(\varphi + 4\omega) \quad (6-38)$$

由式（6-37）可得

$$(\omega - \varphi)/(2\omega - \varphi) \leqslant \sigma \leqslant \varphi/(2\varphi - \omega) \quad (6-39)$$

综合式（6-37）和式（6-38）得

$$\max\{2\omega/(\varphi + 4\omega), (\omega - \varphi)/(2\omega - \varphi)\} \leqslant \sigma$$
$$\leqslant \min\{4\omega/(\varphi + 4\omega, \varphi/(2\varphi - \omega)\} \quad (6-40)$$

命题4　当且仅当鸡肉供应链总收益分配系数满足式（6-40）时，肉鸡养殖场（户）与屠宰加工企业才能实现质量协同控制。

由式（6-40）可见，在质量协同控制模式下，鸡肉供应链收益分配系数区间的左、右端点与 φ 成反比，φ 变大时区间左移，肉鸡养殖场（户）分享供应链收益减少；与 ω 成正比，ω 变大时区间右移，肉鸡养殖场（户）分享供应链收益增加。这是因为，φ 越大，说明肉鸡养殖场（户）的质量控制越容易，因而其分享的供应链收益越少；ω 越大，说明屠宰加工企业的质量控制越容易，因而其分享的供应链收益越少，肉鸡养殖场（户）分享越多。这也体现了鸡肉供应链运作过程中，质量控制收益分配与质量控制难易程度之间的互动协调关系。

6.3.2 质量协同控制的模拟仿真

为了更加直观地验证以上所建模型及各命题的正确性，本部分将利用 Matlab 7.0 软件对相关数值进行仿真，以模拟肉鸡养殖场（户）与屠宰加工企业在不同博弈模式下的质量控制水平、最优值函数随着供应链利润分配系数的变化而变化的过程。

参考肉鸡养殖与屠宰成本与收益相关文献（陈琼等，2014；翟雪玲等，2008），发现肉鸡养殖场（户）质量预防水平对鸡肉质量的影响大于屠宰加工企业质量控制水平的影响；肉鸡养殖场（户）在养殖肉鸡的过程中付出的质量成本要高于屠宰加工企业的质量控制成本。结合 6.1 中的基本假设，对模型中的相关参数赋值：$\alpha = 2.5$，$\beta = 2$，$\gamma = 1.5$，$\kappa = 0.8$，$\lambda = 0.4$，$\mu = 0.6$，$\rho = 0.1$，$\delta = 0.2$，$n = 4$，$m = 1000$，$Q = 2000$，则有：$\theta = 13.3333$，$\varphi = 7.8125$，$\omega = 13.75$，$2\omega/(\varphi + 4\omega) = 0.4378$，$4\omega/(\varphi + 4\omega) = 0.8756$，$(\omega - \varphi)/(2\omega - \varphi) = 0.3016$，$\varphi/(2\varphi - \omega) = 4.1667$（超出 σ 取值范围的部分舍去）。结合前文所得公式，将 θ、φ 和 ω 的值代入，利用 Matlab 7.0 软件进行数据模拟仿真，得出不同博弈模式下质量控制水平、鸡肉供应链最优值函数的变化，以及肉鸡养殖场（户）和屠宰加工企业最优值函数增量随总收益分配系数变化的曲线。

（1）在纳什非合作博弈与斯塔克尔伯格主从博弈模式下，鸡肉供应链的利润分配系数 σ 对肉鸡养殖场（户）质量预防水平、屠宰加工企业的质量控制水平（x^*、x^{**}、y^*、y^{**}、z^*、z^{**}）的影响进行数据模拟。将上述参数取值代入式（6 - 11）、式（6 - 18）中，运用 Matlab 7.0 软件对肉鸡养殖场（户）和屠宰加工企业纳什非合作博弈模式与斯塔克尔伯格主从博弈模式下的质量控制水平进行数据模拟，得到的结果如图 6 - 1 所示。

由图 6 - 1 可知，肉鸡养殖场（户）在纳什非合作博弈模式下的质量预防水平 x^* 随着 σ 的增加而提高；在屠宰加工企业主导的斯塔克尔伯格主从博弈模式中的质量预防水平 x^{**} 随着 σ 增加而降低；屠宰加工企业在纳

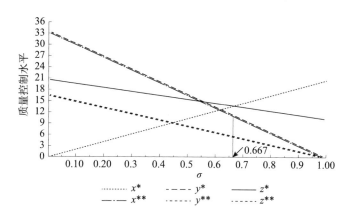

图 6-1　非合作博弈模式下 σ 对质量控制水平的影响

什非合作博弈下的质量预防水平 y^* 和质量检验水平 z^* 随着 σ 的增加而降低；在屠宰加工企业主导的斯塔克尔伯格主从博弈下的质量预防水平 y^{**}、质量预防水平 z^{**} 随着 σ 的增加而减少，且 y^* 与 y^{**} 重合，z^* 与 z^{**} 重合。在 $\sigma \in (0, 2/3]$ 时，肉鸡养殖场（户）在这两种博弈模式下的质量预防水平 $x^{**} \geqslant x^*$，说明此时双方由纳什非合作博弈过渡到屠宰加工企业主导的斯塔克尔伯格主从博弈时，肉鸡养殖场（户）的质量预防水平明显改善，而屠宰加工企业的质量预防水平和质量检验水平不变。

（2）在纳什非合作博弈与屠宰加工企业主导的斯塔克尔伯格主从博弈模式下，鸡肉供应链的利润分配系数 σ 对肉鸡养殖场（户）、屠宰加工企业及供应链整体最优数值（V_f^*、V_f^{**}、V_s^*、V_s^{**}、V^*、V^{**}）的影响数据模拟。将参数取值代入式（6-12）、式（6-19），运用 Matlab 7.0 软件进行数据模拟，得到图 6-2。

由图 6-2 可知，在肉鸡养殖场（户）与屠宰加工企业从纳什非合作博弈过渡为屠宰加工企业主导的斯塔克尔伯格主从博弈过程中，当 $\sigma \in (0, 2/3]$ 时，始终 $V_f^{**} > V_f^*$，$V_s^{**} > V_s^*$，$V^{**} > V^*$，即主从博弈模式下肉鸡养殖场（户）、屠宰加工企业及供应链的最优值函数大于纳什非合作博弈模式下的最优值函数。

进一步考察和验证屠宰加工企业主导下的斯塔克尔伯格主从博弈与纳什非合作博弈模式下最优值函数的增量，将参数代入式（6-25）、式

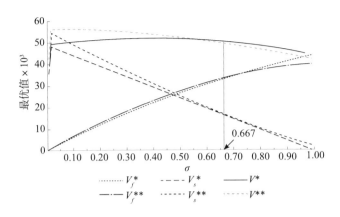

图 6 - 2　非合作博弈模式下 σ 对最优值函数的影响

（6 - 26）和式（6 - 27），对数据模拟，得到图 6 - 3。在 $\sigma \in (0, 2/3)$ 时，总有 $V_f^{**} - V_f^* > 0$，$V_s^{**} - V_s^* > 0$，$V^{**} - V^* > 0$。至此命题 1 得证。

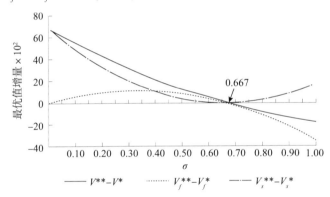

图 6 - 3　非合作博弈模式下最优值函数增量曲线

（2）斯塔克尔伯格主从博弈及协同合作博弈模式下，鸡肉供应链利润分配系数 σ 对肉鸡养殖场（户）和屠宰加工企业的质量控制水平（x^{**}、x^{***}、y^{**}、y^{***}、z^{**}、z^{***}）的影响的数据模拟。将参数值代入式（6 - 18）、式（6 - 22）得到图 6 - 4 和图 6 - 5。如图 6 - 4 所示，在协同合作博弈模式下，供应链利润分配系数 $\sigma \in (0, 1)$ 过程中，肉鸡养殖场（户）的质量预防水平高于斯塔克尔伯格主从博弈模式下的水平。

如图 6 - 5 所示，在协同合作博弈模式下，屠宰加工企业的质量预防水平和质量检验水平均高于斯塔克尔伯格主从博弈模式下的水平。

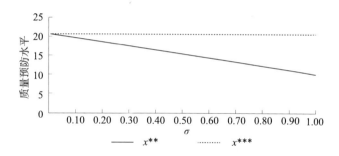

图 6-4 协同合作与主从博弈模式下 σ 对肉鸡养殖场（户）质量预防水平的影响

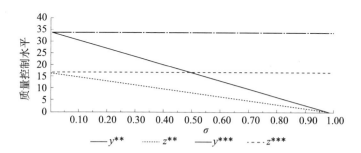

图 6-5 协同合作与主从博弈模式下 σ 对屠宰加工企业质量控制水平的影响

为了进一步考察和验证不同博弈模式下利润分配系数对肉鸡养殖场（户）和屠宰加工企业质量控制水平的影响，将参数值代入式（6-24）、式（6-28）和式（6-32），得到图 6-6。由图 6-6 可知，在 $\sigma \in (0, 1)$ 时，总有 $x^{***} - x^{**} > 0$，$x^{***} - x^{*} > 0$；$y^{***} - y^{*} > 0$，$y^{***} - y^{**} > 0$；$z^{***} - z^{**} > 0$，$z^{***} - z^{*} > 0$。

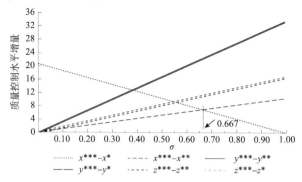

图 6-6 三种博弈模式下质量控制水平的增量曲线

（3）考察从纳什非合作博弈、屠宰加工业主导的斯塔克尔伯格主从博弈过渡到协同合作博弈时，V^*、V^{**}、V^{***} 随着 σ 的变化而变化的情况，将参数值代入式（6-12）、式（6-19）、式（6-23），进行数据模拟可得图 6-7。由图 6-7 可知，当 $\sigma \in (0, 1]$，始终有 $V^{***} > V^{**}$，$V^{***} > V^*$。

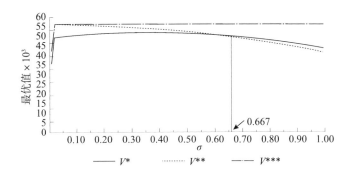

图6-7 三种博弈模式下 σ 对供应链最优值函数的影响

将参数值代入式（6-31）和式（6-35），并对数据进行模拟可得图 6-8。由图 6-8 可知，$V^{***} - V^* > 0$，$V^{***} - V^{**} > 0$，可进一步佐证该结论。所以从纳什非合作博弈、屠宰加工企业主导的斯塔克尔伯格主从博弈过渡到协同合作博弈时，供应链整体最优值函数是增加的。至此命题 2 和命题 3 得证。

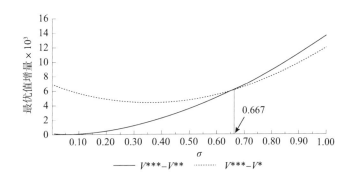

图6-8 协同合作博弈模式下供应链最优值函数增量曲线

（4）为了进一步验证协同合作博弈模式下，肉鸡养殖场（户）与屠宰加工企业的最优值函数增量及供应链最优值函数增量的变化，将参数值代入式（6-29）、式（6-30）、式（6-33）和式（6-34），对 $V_f^{***} - V_f^*$，

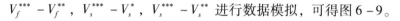

$V_f^{****} - V_f^{**}$，$V_s^{***} - V_s^*$，$V_s^{***} - V_s^{**}$ 进行数据模拟，可得图 6 – 9。

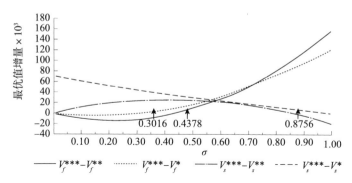

图 6 – 9　三种博弈模式下最优值增量曲线

如图 6 – 9 所示，当 $\sigma \in [0.3016, 1)$ 时，$V_f^{***} - V_f^* \geq 0$，即协同合作博弈条件下肉鸡养殖场（户）最优值函数大于纳什非合作博弈条件下的最优值函数；当 $\sigma \in [0.4378, 1)$ 时，$V_f^{***} - V_f^{**} \geq 0$，即协同合作博弈条件下肉鸡养殖场（户）最优值函数大于斯塔克尔伯格博弈条件下的最优值函数；当 $\sigma \in (0, 1]$ 时，$V_s^{***} - V_s^* \geq 0$，即协同合作博弈条件下屠宰加工企业最优值函数大于纳什非合作下的最优值函数；当 $\sigma \in (0, 0.8756]$ 时，$V_s^{***} - V_s^{**} \geq 0$，即协同合作博弈条件下屠宰加工企业最优值函数大于斯塔克尔伯格主从博弈条件下的最优值函数。所以，当且仅当 $\sigma \in [0.4378, 0.8756]$ 时，才能同时实现 $V_f^{***} - V_f^* > 0$，$V_f^{***} - V_f^{**} > 0$，$V_s^{***} - V_s^* > 0$，即肉鸡养殖场（户）和屠宰加工企业才能现协同合作。至此命题 4 得证。

6.4　本章小结

（1）运用博弈模型对鸡肉供应链中肉鸡养殖场（户）和屠宰加工企业质量协同控制实现的条件进行了研究，分别考察了在双方纳什非合作博弈，屠宰加工企业主导的斯塔克尔伯格主从博弈模型以及双方协同合作博弈模型三种情况下，肉鸡养殖场（户）最优的质量预防水平以及屠宰加工企业最优的质量预防水平和质量检验水平。结果表明，在双方协同合作情况下，肉鸡养殖场（户）和屠宰加工企业的质量控制行为和检验行为都比其他两种情况更优，供应链的总体利润也在协同合作条件下达到最大。

（2）若鸡肉供应链总收益分配系数 $\sigma \in (0, 2/3)$，则肉鸡养殖场（户）与屠宰加工企业间的斯塔克尔伯格主从博弈严格优于双方间的纳什非合作博弈。具体表现为，当双方由纳什非合作博弈过渡到斯塔克尔伯格主从博弈时，肉鸡养殖场（户）的质量预防水平提高，屠宰加工企业的质量控制水平不变，肉鸡养殖场（户）、屠宰加工企业和鸡肉供应链的最优值函数均增加。

（3）肉鸡养殖场（户）与屠宰加工企业间的协同合作博弈整体上优于斯塔克尔伯格主从博弈。具体表现为，双方由斯塔克尔伯格主从博弈过渡到协同合作博弈时质量控制水平均提高，且鸡肉供应链的最优值函数增加。

（4）肉鸡养殖场（户）与屠宰加工企业间的协同合作博弈是一种集体理性模式。具体表现为，协同合作博弈模式下，肉鸡养殖场（户）和屠宰加工企业的质量控制水平与鸡肉供应链的最优值函数均大于分散博弈模式下的质量控制水平与最优值函数。

（5）当 $\max\{2\omega/(\varphi + 4\omega), (\omega - \varphi)/(2\omega - \varphi)\} \leq \sigma \leq \min\{4\omega/(\varphi + 4\omega), \varphi/(2\varphi - \omega)\}$ 时，肉鸡养殖场（户）与屠宰加工企业才能实现质量协同控制。

第**7**章

促进养殖与屠宰加工环节
质量协同控制的对策建议

前文的分析表明，实施鸡肉供应链协同质量控制是提高我国鸡肉质量，提升鸡肉竞争能力的重要途径，而鸡肉供应链中肉鸡养殖场（户）与屠宰加工企业间的质量协同控制是关键环节。从问卷调查结果及分析中发现，肉鸡养殖场（户）和屠宰加工企业在协同控制鸡肉质量方面还有很大的空间可以提升，同时存在诸多问题有待解决。综合前文分析结论，本章从如何实现质量协同控制机制、如何促成双方博弈均衡点的实现、如何减少系统正熵流增加负熵流的角度出发，从肉鸡养殖场（户）、屠宰加工企业、政府、行业协会及消费者五个层面提出促进双方质量协同控制的对策建议，旨在改善我国鸡肉质量安全水平，提升鸡肉供应链质量管理水平与竞争能力，提高鸡肉消费者的消费价值。

7.1 肉鸡养殖场（户）自身的对策建议

肉鸡养殖场（户）是供应链质量控制的主体之一，并且第3章的描述性分析结果显示，在质量协同控制的表现中较之屠宰加工企业，环境维护、检疫检验、档案管理等方面处于落后水平。所以如何改善和提升肉鸡养殖场（户）质量控制水平是促进养殖与屠宰加工环节质量协同控制的重要内容。

7.1.1 提高决策者的文化水平和专业素养

肉鸡养殖场（户）决策者特征尤其是其受教育程度与其质量协同控制认知水平有显著的正向影响。决策者受教育程度偏低，导致无法正确理解和认识供应链质量协同控制的理念，更加无法清楚认识到与屠宰加工企业进行质量协同控制的必要性和重要性，其质量控制更趋向于孤立的个体行为。第3章调查问卷数据显示，只有19.85%的肉鸡养殖场（户）的决策者接受过大专以上的教育，受教育水平普遍较低。因此，必须通过多种途径提高肉鸡养殖场（户）决策者的文化水平和专业素养以改善其对质量协同控制认知水平，从而改善质量协同控制水平。

（1）肉鸡养殖场（户）应该充分利用线上课程、远程教育、网络资源、电大等各种渠道，参加当地农业局、畜牧兽医站组织的培训活动，不断学习畜禽养殖专业知识，学习肉鸡生长规律，了解不同品种肉鸡的特点和优势，及时掌握最新的养殖技术和设施设备，以专业知识武装自己。

（2）当地农业局或者行业协会可以分批次组织肉鸡养殖场场主以自费或部分自费的方式，集体赴美国、巴西等肉鸡养殖业比较发达的国家参观，开阔眼界，从感性认识上加深与其他国家的差距和不足，学习他国的经验和技术。

（3）行业协会可组织行业企业决策者定期交流，共同讨论和交流行业市场变动、技术变革等信息；评选行业优秀管理者和领导者，推广其经验和心得。

7.1.2 扩大养殖规模，改善经营特征

肉鸡养殖场（户）的经营特征对协同控制水平有显著的正向影响，并且还会通过标准认知特征、协同控制认知特征和环境特征对协同控制水平产生间接的正向影响，即养殖规模较大，养殖年限越长，兼职程度越低的肉鸡养殖场（户）更愿意与屠宰加工企业沟通，并根据其建议改善质量控

制行为，出现质量问题时能够分担责任。调查问卷数据显示，受访肉鸡养殖场（户）的饲养规模普遍偏小，近 90% 的受访养殖场户年肉鸡出栏量 10 万只以内；养殖年限在 10 年以上的只占 2.38%，饲养方式以专业户为主，69.05% 的受访者为养鸡专业户。由于养殖规模较小、专业化程度较低，肉鸡养殖（场）户不愿意承担过多的成本去提升技术水平、改善经营行为，参与实施质量协同控制的意愿也较低；同时，由于其技术水平落后，其收入水平难以有大的提高，又会进一步限制其养殖规模的扩大。这形成一个恶性循环，最终导致肉鸡质量水平较低，且肉鸡养殖场（户）没有动力去改善这一结果。

所以要实现肉鸡养殖场（户）和屠宰加工企业质量协同控制，必须改善肉鸡养殖场（户）的经营特征。具体的措施包括：

（1）肉鸡养殖场（户）应该积极响应农业部门的号召，关注相关金融、财政补贴政策支持，可以采用集体经济、吸引屠宰加工企业合资入股、股权转让等不同的产权运作方式，或者以肉鸡等资产为抵押、说服屠宰加工企业为其担保等方式贷款获得资金，努力扩大养殖规模，实现标准化规模养殖。

（2）在扩大规模的条件下，采用规范化养殖技术和先进的设施设备，聘请专业管理人才进行专业化管理；加强同屠宰加工企业的协同合作，按照屠宰加工企业的要求和建议，规范养殖行为，降低养殖环境污染，减少疫病发生，降低经营风险，实现养殖活动的持续性。

7.1.3　加强制度建设，规范质量行为

在质量协同控制过程中，肉鸡养殖场（户）在投入品来源、档案管理、设施配置和环境维护几个方面明显落后于屠宰加工企业，是造成协同控制水平较低的主要原因。要改变这一现状，必须加强企业内部制度建设，进一步规范其质量控制行为。第 5 章的协同控制机制分析表明，企业内部制度是促发企业内部各部门协调一致确保质量统一规范的关键，是质量协同控制的保障机制，完善的内部制度可以有效消减内部正熵。这些制

度包括：环境维护制度，严格控制外来人员和车辆，定期对场区消毒，病死鸡要进行深埋或其他无害化方式进行处理。完善投入品采购制度，采购的鸡苗、饲料都要有检疫证明，切实保证饮用水的水质等。规范检疫检验制度，杜绝接种疫苗是多只禽畜共用一个针头的行为，严禁出售病死畜禽。严格档案管理制度，笔者走访过程中了解到很多肉鸡养殖场（户）的养殖档案平时都没有按要求填写，而是在肉鸡出笼时随意填写，应付屠宰加工企业，这种行为会使得质量协同控制所有努力付诸流水，必须通过制度规范档案管理，推广脚环等技术，记录肉鸡从购入到出场所有质量信息。完善动物福利制度，为肉鸡提供舒适的居住环境，杜绝虐待、殴打肉鸡的行为。完善设施配置制度，为肉鸡提供建筑规划设计合理的鸡舍、自动化的饮喂设施和温控设施、先进的除粪设施等。设立专门的质量监管部门，并确保其独立性，建立完善的质量奖惩制度等。

7.1.4 加强与屠宰加工企业的交流沟通

信息流是供应链运行中最为关键的要素，实现信息协同是供应链质量协同控制的基础。肉鸡养殖场（户）与屠宰加工企业间的质量信息流是双方协同控制的传导机制之一，只有通过质量控制信息和质量状态信息的充分共享，才能够及时发现不合规范的质量控制行为，及时预防问题产品进入市场，同时只有实现信息共享才能实现质量追溯。但是调查问卷数据显示，只有33.93%的肉鸡养殖场（户）经常与屠宰企业就质量安全问题进行沟通，其中的37.8%按照对方要求修正自己的质量控制行为。所以肉鸡养殖场（户）应该加强与屠宰加工企业的交流和沟通，并及时修改正自身行为。具体的措施包括：

（1）双方沟通的内容应该包括大力宣传和推广先进的供应链经营理念，很多肉鸡养殖场（户）的决策者文化水平不高，对其进行经营理念的教育和培训，有助于加深对供应链协同控制及顾客价值的认识和理解，提高肉鸡养殖场（户）在鸡肉质量安全中的责任感和使命感，达到激励约束的目的。

（2）通过各种手段如信息共享平台等，及时、充分地与屠宰加工企业分享其质量控制信息，比如肉鸡品种、饲料来源、免疫记录、饲料来源、就诊记录等，认真接受屠宰企业的监督和建议，并及时调整和改进质量控制行为。

（3）对于双方协同制定的养殖质量标准若有异议或建议，应及时向屠宰企业提出，而不能擅自改动；在经营过程中遇到资金问题、技术问题等，主动与屠宰加工企业沟通，寻求帮助。

（4）积极参加屠宰加工企业举办的养殖培训活动，及时了解最新技术，时刻关注市场变动，做好随时调整养殖计划的准备。

7.2　屠宰加工企业层面的对策建议

7.2.1　加强信息化建设，实现信息协同

信息流是肉鸡养殖和屠宰加工环节实现质量协同控制的传导媒介，没有供应链信息协同就不能实现质量协同控制；同时供应链信息化建设也是实现质量追溯体系的基础。所以作为供应链核心企业的屠宰加工企业应该多渠道加强信息化建设，实现信息协同。具体的措施包括：

（1）屠宰加工企业可通过兼并、收购的方式扩大自身规模，在育种、屠宰加工技术、信息技术、市场范围等方面实现优势互补，增强企业实力。

（2）在增强企业实力的同时，充分发挥核心企业的功能，积极学习国外先进技术和运作模式，寻求当地政府相关部门的协助，加大信息技术和资金的投入，充分利用互联网、云计算和产品编码等信息技术，建设和完善供应链信息系统，做到供应链成员间充分、及时的信息共享。

（3）通过信息技术加强质量监督和控制功能，督促肉鸡养殖场（户）及时、准确地做好信息记录，完善档案管理制度，一定要杜绝"养殖档案

成摆设，需要的时候来填补"的现象，规范上下游企业的质量控制行为。屠宰加工企业可以定期或不定期派管理人员到肉鸡养殖场（户）进行走访，深入了解和掌握对方质量管理中存在的问题，及时找到解决方法。

7.2.2　建立合理的利益分配与风险共担机制

无论是肉鸡养殖场（户）还是屠宰加工企业都符合经济人假设，以追求利益最大化为目的，这是双方实施供应链质量协同控制的原动力。调查问卷的数据也显示，愿意实施质量协同控制的主要原因（可多选）中，72.87%的肉鸡养殖场（户）选择的是增加收益。如果说供应链协同控制能够实现供应链整体利益最大化，那么如何在此条件下实现各方都满意的个体利益则是关系个体积极性和供应链协同持久性的关键问题。所以为了实现双方在集体利益最大化的前提下自身利益同时最大化，屠宰加工企业应该联合肉鸡养殖场（户）根据各方付出的质量控制成本，制定出合理的利益分配机制和风险共担机制，同时实现对双方质量控制行为的激励和约束，保证质量协同控制的持久性。

本书第6章中的博弈模型分析证明了能够使肉鸡养殖场（户）和屠宰加工企业个体利润达到帕累托最优，进而实现双方质量协同控制的供应链总体利润分配系数的取值范围。但这终归是理论分析，实践操作有一定的难度，对合作双方的贡献很难做到精确计算。因此，肉鸡养殖场（户）和屠宰加工企业应该以博弈模型为基础，彼此信任，促进合作伙伴之间互利互惠，共同承担风险和成本，推动供应链整体核算平台建设。各主体以事实为依据，选择适合自身的合理有效的利益分配方法，建立利益分配和风险共担机制，努力实现供应链合作各方利润最优，实现持续协同。

7.2.3　制定质量协同控制评估体系

肉鸡养殖场（户）和屠宰加工企业仅仅有实施质量协同控制的愿望和动力还不够，双方须共同探讨制定出一套完整、可行的质量协同控制评价体系，可对双方实际的质量控制行为和结果进行评估和控制，便于发现协同控制中的问题及改进的方向，使得质量协同控制更加科学和规范。

（1）评估体系的指标应该涵盖环境维护、投入品来源、检验检疫、设施配置、档案管理、动物福利六个方面，从每个方面中选取有代表性的子变量，并根据不同指标和变量的影响程度赋予不同的权重，选择确定合理的评价方法。

（2）通过评价体系发现质量问题发生在哪个环节，将质量协同控制的评价结果作为奖惩责任主体的依据，进行适当的精神或物质奖励；对于多次评分较低的肉鸡养殖场（户）责令定期整改，否则将被剔除供应链合同系统。

7.3 政府层面的对策建议

实现鸡肉供应链成员质量协同控制，看似是企业之间的个体行为，实际它是一个涉及面非常广泛的复杂系统，其成效也不仅体现为供应链企业收益的增加和消费者权益保障，还会带来区域乃至国家鸡肉产品和产业竞争力的提升，一定程度上具有公共产品的性质。所以应该充分发挥政府的调控作用，促进鸡肉市场机制的良好运行。

7.3.1 加大行业政策支持，改善外部环境

实现质量协同控制需要投入大量的资金和技术，仅仅依靠肉鸡养殖场（户）、屠宰加工企业等个体的资金、人才和技术投入远远不够，农业农村部和地方政府要出台相关的行业发展政策，使得供应链体系从中汲取更多的负熵流。根据目前我国鸡肉质量发展现状、未来5年的发展目标及"创新、协调、绿色、开放、共享"的理念，亟须在以下几个方面出台政策。

（1）我国肉鸡优良品种核心种源大多依赖进口，全部白羽肉鸡祖代来自国外，自主育种能力不足造成优良种鸡数量和质量安全两个方面受制于

其他国家。所以应积极利用财政补贴等形式加强良种繁育体系的建设，实现自主育种和无抗饲养，保障肉鸡种源安全。

（2）进一步强化动物重大疫病防疫如禽流感的控制和监督等工作，督促地方政府落实重大疫病防疫补贴等政策，尽可能防范疫病的范围，降低危险。

（3）增加肉鸡养殖场（户）、屠宰加工企业的融资渠道，鼓励多种资金、多种形式实现标准化规模养殖，培育大中规模屠宰加工企业，增强屠宰加工企业综合实力。

（4）加强科技支撑，除去上游的良种繁育需要技术支撑外，基层畜牧草原技术也需要推广。应健全以屠宰加工企业为核心的产学研一体化创新机制，健全知识产权保护制度，促进发明创造的转化利用。

7.3.2　健全法律体系，确保有法可依

法律法规体系是实现质量协同控制的重要保障因素。对鸡肉质量进行严格控制，需建立起完善的法律体系，保证有法可依。这也是欧美等发达国家对畜产品质量控制的经验：欧盟制定了《食品安全白皮书》《食品卫生法》《通用食品法》，以及与食品、饲料相关的各种法规；美国制定了《食品安全促进法》等综合性法律，还有《蛋类产品检验法》《禽类产品检验法》等专门的法律。目前中国也有了一系列食品安全的法律法规，如《产品质量法》和《食品卫生法》，但还是十分不健全，比如 2009 年颁布、2015 年修订的《食品安全法》，虽然涵盖了所有食品的生产、加工、运输等环节，但是不能针对畜禽产品（同样也不针对其他类别食品）自身的特点做出进一步的规定，这就形成了法律监管的空白。另外，我国在畜禽产品安全方面的法律、法规多属部门性的，往往标准不统一，加大了执行难度。政府应从以下几个方面进行完善。

（1）借鉴他国经验，不断地修改和完善畜禽产品质量控制的法律和法规，出台专门的禽类或者鸡肉产品质量标准和质量检验法，将养殖场地的卫生安全、养殖行为的规范、问题鸡肉的召回、鸡肉质量安全标准等都做

出详尽的说明。

（2）完善《消费者权益保护法》和《产品质量法》，建立更加适当的消费争议解决方法和程序，比如类似美国的小额法庭和集体诉讼制度，简化消费者维权的程序和成本，切实保护消费者权利，强化消费者监督。

（3）实行严格市场准入制度，比如通过有资质的认证机构或权威部门认证的鸡肉产品，以及经检测质量安全指标符合畜禽产品质量安全强制性标准的产品准予入市经营。比如美国的 HACCP（Hazard Analysis Critical Control Point，危害分析的关键控制点制度），欧盟、澳大利亚等国家都有种类繁多的认证制度和计划，通过强制性的和非强制性的认证制度，一方面有助于控制鸡肉的质量，另一方面可以实现优胜劣汰。

（4）应禁止活禽交易，防止禽流感等重大疫病的发生和传播，保障公共卫生和安全。

7.3.3　理顺监管体系，提升监管水平

通过对肉鸡养殖和屠宰加工环节有效的监管可以减少供应链系统正熵，保障鸡肉质量。西方国家畜禽产品质量管理在机构设置方面追求精简高效和垂直管理，在权责利对等原则下通力合作，共同实现质量安全控制和管理。

我国在食品安全监管方面取得了一定的进展，比如2013年组建国家食品药品监督管理总局，承担国务院食品安全委员会的具体工作，对多个机构进行了整合，实现对食品和药品的安全问题统一管理。但我国畜禽产品质量安全监管还有不足，比如虽然上层监管机构进行了整合，但地方监管部门之间的行政等级不明显，分段管理依然存在，各部门的职责分工不是很明确，依据的标准不统一，遇到问题相互推诿，这就导致我国畜禽产品质量监管缺乏权威性和协调性，权责难以分清，从而执法不到位现象很普遍。由此看来，对于畜禽产品质量安全的监管，有必要设立相对独立的、垂直管理的监管机构，从中央到地方实行一体化的垂直监管，精简机构，提高效率；不同的监管部门负责不同的监管职能，权责明确，避免职能交

叉；明确地方和中央监管的权利和责任，发挥相互补充、相互依靠的作用，并实行统一的监管标准，破除地方保护主义和地方政策分割，从而实施统一的畜禽产品质量安全监管政策，切实提高监督绩效。

7.3.4　完善鸡肉质量可追溯制度

质量追溯体系是通过在鸡肉供应链企业采用适合的软件和硬件技术，每完成一道工序，都要将产品质量信息和问题记录并同产品同步流转。这样在需要时（比如出现质量安全事故）可以清楚地查到责任人，可以增强员工和企业的责任感，同时也增加了其压力。鸡肉出口大国泰国应用此系统对鸡肉生产进行严格控制，要求每一件产品都要有条码，如果发现问题，可以追查它的生产厂家、生产日期和生产批次等，个别企业的产品已经做到了100%可回溯追查（郭俊芳等，2013）。质量追溯体系也已成为欧美各国控制禽畜产品质量的重要保证。要实施这一体系并非易事：持续完备的信息是追溯体系的关键和基础，在此过程中任何一个环节信息的缺失都会导致追溯失效。我国鸡肉供应链整体可追溯体系发展比较落后，与发达国家相比还只是刚刚起步，需要从两个方面进一步努力：一是扩大可追溯系统的范围，目前可追溯体系主要在规模比较大的企业，而为数更多的中小规模养殖场（户）和加工企业难以覆盖。二是推进可追溯的深度，覆盖整个供应链。第3章的数据分析显示，受访屠宰加工企业中仍有30.12%没有质量追溯体系，而能够追溯到兽药和饲料供应商的只占27%。

鸡肉质量追溯体系的建设不仅关系到企业的利益，更关系到广大消费者的健康，具有较强的外部性。所以政府相关部门承担重要的责任。

（1）积极学习国外在质量追溯体系方面的经验，学习先进的信息技术，探索更加适合我国鸡肉供应链发展的追溯体系，引导以供应链核心企业为主体建立质量追溯体系。

（2）质量追溯体系需要大量的资金和技术支撑，企业缺乏足够的动力投入建设。政府须出台鸡肉质量安全追溯管理办法，比如市场准入制度、质量或产地认证制度等，强制要求企业实施可追溯系统。

（3）由于可追溯体系建设需要大量的资金和技术，导致很多企业没有能力实施。所以农业农村部、农业局应加强可追溯体系技术研究，增加资金投入、设立专项补贴等，鼓励屠宰加工企业建设信息共享平台；出台优惠政策鼓励和吸引社会资本介入可追溯体系建设。

（4）加大主流媒体的宣传，鼓励消费者了解和使用质量可追溯体系，采用多种方式，比如有奖问答、竞赛等，向消费者普及如何使用追溯技术以及质量追溯的好处。

7.4　行业协会层面的对策建议

发达国家的经验说明社会组织的发展和成熟有利于市场的完善，行业发展不仅靠法律和政府监管，社会组织的成熟尤其是行业自律对于行业发展极为重要。行业协会就是一种自律性的社会中介组织，通常由行业内有代表性的部分企业法人以及自然人以自愿的形式参加，可以向行业内提供咨询、监督、自律、协调等功能。如本书第 5 章所述，行业协会的发展壮大可以增加鸡肉质量协同控制过程中负熵流，促进质量协同控制的形成。我国畜禽养殖业的行业自律性组织是中国畜牧业协会，先后组建了禽业、猪业、羊业、兔业、牛业等 12 个专业分会，在信息交流和披露、质量认证、人员培训等方面起到了一定的促进作用，但是与美日等国家相比，行业协会的作用还有更广阔的空间。今后我国畜牧业协会及其分会在促进畜禽产品质量安全方面应在以下几个方面加以完善。

7.4.1　制定协会质量标准

严格的鸡肉质量标准对供应链质量协同控制机制具有保障作用。我国现行农产品质量安全标准体系已经初步建立，包括国家、地方、行业、企业四个层次，其中企业标准属于自律标准，一般由行业协会根据该行业的发展而制定，因此更加有针对性和适用性。目前我国与鸡肉有关的质量标准包括《无公害畜禽肉安全要求》《无公害畜禽肉产地环境要求》等标准，但是没有更加有效的针对鸡肉产品的质量标准。肉鸡养殖行业协会拥有更专业的人才，对本行业的质量控制和技术变化有着更深的认识，与国内外市场也更加贴近，可充分借鉴国际市场鸡肉质量标准体系，制定更加有效的协会标准，并且做到定期更新。比如美国历史最悠久、规模最大的全国性协会国家鸡肉委员会在2017年推出肉鸡福利质量标准"鸡肉保证"，凡是通过此标准的鸡肉均需满足"非笼养、不含激素和类固醇、由兽医监督和担保、农场主接受过动物福利培训"这几个条件。我国肉鸡（禽业）协会亦可学习制定类似的质量标准体系或认证体系。肉鸡养殖场（户）则以自愿为原则选择加入该体系，对采用了该标准体系的产品给予质量认证，以区别市场其他产品。这是实现行业自律的有效途径。

7.4.2 加强协会信息披露的职能

信息公开透明是实现鸡肉质量安全的前提，对于鸡肉供应链内部存在的信息不对称问题，通过供应链的协同运行机制可以在一定程度上得到缓解，但是并非杜绝。行业组织及时的信息披露和发布有利于解决各主体间信息盲点。肉鸡（畜禽）行业协会因其身处行业内部，拥有更加专业的人才和知识和技术，又因其存在的目的是要促进行业发展，所以行业协会更有优势和动力对行业内的违反质量规范的行为进行披露。通过信息披露改变信息不对称，不但能够有效保护消费者的知情权与选择权，也能维护行业声誉，防止类似于我国消费者大规模购买海外奶粉这样的集体惩罚等应激措施，对畜禽产业的发展起到保护和刺激的作用。

（1）肉鸡养殖行业协会需要建立一套更为完善和可行的产品质量安全信息披露制度。通过网站、公众号、微博等平台及时、准确、全面地向社会披露行业内部相关信息，比如以具体企业视频的形式展示肉鸡饲养、屠宰加工、销售过程，介绍各种质量标准及其内涵、鸡肉质量安全知识，行业内违反质量安全标准的企业及事件等。

（2）可以根据企业违规行为的性质和结果的严重性，采取行业内部通报批评、向相关政府部门检举、向社会公众通报等不同的方式披露，更好地消除行业内外信息不对称，使得信息租金无处藏身。

（3）改变传统观念，以现代营销的理念经营和宣传协会，树立行业协会专业、自律的形象，让更多的消费者了解协会的职能与责任，拉近与消费者的关系，比如为了吸引消费者的关注可以通过网络平台、微信公众号等与消费者互动，定期更新鸡肉食谱等。

7.4.3 加强监督和行业内部惩罚制度

调查问卷数据显示，我国肉鸡养殖行业有数量众多、组织化程度低的肉鸡养殖场（户），且分布广泛，仅仅依靠政府部门对其质量行为进行监督是不切实际的。而监督不足导致了很多肉鸡养殖场（户）的机会主义行为。作为"市场失灵与政府失灵之下的第三条道路"，行业协会内部企业间的交互关系呈现山水有相逢的重复博弈状态（凌霄等，2013），其内部联系更加紧密，信息流通更及时。因此通过行业协会进行内部惩罚措施和制度也更加有效，具体可以由行业协会牵头，实行同行企业共同向违反行业规定的企业施加压力，根据情节严重程度进行经济惩罚、名誉惩罚，或集体抵制、取消会员资格、向公权力举报等。

7.5 消费者层面的对策建议

消费者是鸡肉产品的最终购买者和消费者，鸡肉质量控制问题的提出就是基于消费者需求的变化。如本书第 5 章所述，消费者拥有成熟的消费理念，积极参与鸡肉质量监督活动，且善于运用法律等方式维护消费者权益，能够促进肉鸡养殖场（户）与屠宰加工企业改善鸡肉质量。所以如何发挥消费者对鸡肉质量协同控制的能动效应不容忽视。

7.5.1　培养成熟的消费理念和安全购买能力

消费者的消费理念和安全购买能力将会影响市场上提供的鸡肉质量水平，从而也会影响肉鸡养殖场（户）与屠宰加工企业质量协同控制水平。根据迈克尔·波特的"钻石模型"理论，消费者的消费理念越成熟，对产品质量越挑剔就会对企业的要求越高，从而促使企业提高产品质量。这一理论同样适用于鸡肉市场。消费者拥有成熟的消费理念，拥有更多鸡肉质量安全的知识，会对鸡肉养殖场（户）和屠宰加工企业形成巨大的压力，促使供应链成员协同控制和提高产品质量。

消费者为了自身健康，应提高安全购买能力：

（1）广泛地运用各种媒体和平台，了解鸡肉质量标准，学习鸡肉质量相关知识，知识面广而自信的消费者对经济发展具有重要的促进作用。

（2）了解肉鸡养殖和屠宰各个环节中对鸡肉质量产生影响的因素，提高和加深鸡肉质量安全认知；学习判断鸡肉质量的感官标准、理化标准和微生物标准，提高识别和判断优质鸡肉的能力。

（3）了解不安全鸡肉对健康带来的危害，摒弃陈旧的只追求低价格的观念，选择更有质量保障的超市、专卖店等正规渠道购买鸡肉。

7.5.2　提高消费者维权意识

如果消费者善于利用各种渠道维护自身权益，可以在一定程度上推动鸡肉供应链质量协同控制。长期以来，我国消费者维权意识比较淡薄，买到假冒伪劣商品鲜有向相关部门申诉、维权的，所以一定程度上助长了企业假冒伪劣之风。这里有两个原因：一是我国传统文化的影响，长期的农业经济很难培养人们的维权意识，消费者不愿意将利益受损的事情公之于众；二是我国市场经济发展比较晚，消费者维权渠道也不是很完善，维权成本较高，导致人们不愿意为了有限的损失再去付出更大的成本。

为了维护自身权益，推动鸡肉供应链质量协同不断优化，消费者在树立健康的消费理念和安全购买能力的同时，要提高维权意识，增强法制观念：

（1）了解关于消费者保护的法律，如《消费者权益保护法》《产品质量法》《食品安全法》等，善于运用法律武器维护自身权益，一旦购买到或者发现劣质鸡肉产品，要积极寻求法律的保护，而不是一味忍让。

（2）有效利用各种网络平台和媒体，向零售网点、屠宰加工企业、行业协会等及时反馈产品的质量问题，寻求合理的赔偿，对服务态度恶劣的商家可通过网络传播扩大其影响，从而形成威慑力。

7.5.3　积极参与社会监督

食品质量安全与每位公民的生命与健康息息相关，消费者既是商品购买者，也拥有对产品质量行使监督的权力，而且消费者对鸡肉质量安全的监督更具有普遍性和操作性，也更加有社会效应。但事实上群众监督一直是我国食品安全监督过程中较为薄弱的一环，应该加强社会监督，补充政府和行业监管的不足：

（1）消费者应关注新闻和日常食品安全报道，摒弃"事不关己，高高挂起"的观念，积极参与到鸡肉质量安全监督中去。

（2）充分利用各种监督平台，如消费者保护、12345等举报热线、网络公众号等形式，提供有价值的线索，遇到鸡肉质量问题及时反映。

（3）政府监管部门、消费者保护组织以及行业组织应该通过各种网络平台对有关鸡肉质量问题及时处理并发布公告，并对有价值线索进行适当的奖励，鼓励公众监督的行为，形成共同监督的社会风气。

7.6　本章小结

基于前文的分析，本章提出了促进肉鸡养殖场（户）和屠宰加工企业质量协同控制的肉鸡养殖场（户）层面、屠宰加工企业层面、政府层面、行业协会层面和消费者层面的策略建议。

（1）促进质量协同控制的肉鸡养殖场（户）对策建议包括提高企业决策者自身的文化水平和专业素养；扩大规模，改善经营特征；加强制度建设，规范质量行为；加强与屠宰加工企业的沟通和交流。

（2）促进质量协同控制的屠宰加工企业层面的对策建议包括提高信息共享水平，实现信息协同；建立合理的利益分配与风险共担机制，保证供应链协同的持久性；制定质量协同控制协调度评价体系，科学评估双方协同控制水平和进度。

（3）促进质量协同控制的政府层面的对策建议包括出台行业政策支持并完善社会服务体系，改善外部环境；完善相关的法律法规体系，确保有法可依；理顺监管体系，提升监管水平；加大基础设施投资，促进质量追溯体系的完善。

（4）促进质量协同控制的行业协会对策建议主要包括制定行业标准，加强信息披露的功能、降低信息不对称，加强监督和行业内的惩罚职能。

（5）促进质量协同控制的消费者对策建议包括培养健康的消费理念和安全购买行为，促进质量协同控制；提高维权意识，推动质量协同控制；积极参与社会监督，行使消费者的监督权力。

第**8**章

研究结论与展望

8.1 研究结论

本研究以提高我国鸡肉质量水平为出发点，以实现鸡肉供应链中肉鸡养殖场（户）与屠宰加工企业质量协同控制为目标，依据供应链质量管理理论，借鉴畜产品供应链质量控制课题组前期的研究成果，综合运用系统分析、统计分析、结构方程计量模型分析、熵变模型分析、博弈分析和数据模拟仿真等方法，在论证供应链环境下鸡肉质量形成过程及其影响因素、质量协同控制基本问题的基础上，重点从现状描述性分析、影响因素计量分析、形成与实现机制、实现条件和对策建议等方面，研究了鸡肉供应链中养殖与屠宰加工环节质量协同控制机制的相关问题。主要研究结论如下：

（1）供应链环境下鸡肉产品整体概念由核心产品、形式产品和延伸产品三个层次组成，其质量指标包括感官指标、理化指标、微生物指标、营销指标、服务指标、诚信指标和品类指标七个方面；养殖与屠宰加工是决定鸡肉质量的两个关键环节，为保障鸡肉质量，肉鸡养殖场（户）与屠宰加工企业必须实施质量协同控制；质量协同控制内容环境维护、投入品来源、检疫检验、动物福利、档案管理和设施配置六个方面，可分为两环节活动层面、两环节节点层面、两环节供应链层面三个层次；质量协同控制的目标包括质量控制过程目标和质量控制结果目标；质量协同控制的标志包括对环境维护、投入品来源、检疫检验、动物福利、档案管理和设施配置六个方面质量标准的认知及其质量控制过程达到协同状态。

（2）以全国 9 个省份的 332 份屠宰加工企业调查问卷和 504 份肉鸡养殖场（户）调查问卷为基础，运用描述分析和统计分析方法，从环境维护、投入品来源、检疫检验、动物福利、档案管理和设施配置六个方面，描述并解释了当前我国鸡肉供应链中养殖场（户）与屠宰加工企业质量控制的认知、活动与协同状况的现状、问题及其原因。研究结果表明，当前我国鸡肉供应链中养殖场（户）与屠宰加工企业对环境维护、投入品来源、检疫检验、动物福利、档案管理和设施配置六个方面的标准认知协同程度较高，这是双方进一步进行质量协同控制的基础。进一步的统计分析发现，在质量控制活动实施过程中，肉鸡养殖场（户）和屠宰加工企业在动物福利方面比较协调一致，但是总体水平有待进一步提高；在环境维护、投入品来源和检疫检验三个方面协同控制水平一般；在设施配置、档案管理两个方面的协同控制水平较差。导致协同控制水平一般或较差的主要原因是肉鸡养殖场（户）质量控制水平较差，屠宰加工企业的行为更加规范。

（3）运用结构方程模型研究了肉鸡养殖场（户）与屠宰加工企业质量协同控制的影响因素。结构方程模型分析结果显示：经营特征和决策者特征对标准认知特征具有显著的正向影响，标准化路径系数分别为 0.825 和 0.561；标准认知特征、经营特征、决策者特征和环境特征对协同控制认知特征具有显著的正向影响，标准化路径系数分别为 0.025、0.636、0.603、0.311（5% 的显著水平），可知经营特征对协同控制认知特征影响最大，标准认知特征影响最小；协同控制认知特征、环境特征和经营特征对协同控制水平有显著的正向影响，标准化路径系数分别为 0.910、0.053 和 0.326，可知协同控制认知特征对协同控制水平影响最大，其次是经营特征，环境特征影响最小；模型还显示肉鸡养殖场（户）的经营特征对环境特征有显著影响，进一步充实了理论假设。

（4）肉鸡养殖场（户）与屠宰加工企业的质量协同控制实现机制由动力机制、传导机制、促进机制、保障机制构成，其中动力机制和传导机制是主导机制，促进机制和保障机制是辅助机制。"动力机制→传导机制→质量协同控制目标→质量协同控制效应→动力机制"这一主线的循环作用是在不断改善鸡肉产品质量的同时，通过提高肉鸡养殖场（户）和屠宰加工企业的竞争优势和整体利益来实现自身利益的最大化，成为质量协同控制原动力。运用耗散结构理论中的熵变模型，分析了肉鸡养殖与屠宰加工环节质量协同控制的实现机制。鸡肉供应链中肉鸡养殖场（户）与屠宰加工企业质量协同控制状态的实现是一个负熵流不断增加、正熵流不断减少，从低级无序向高级有序演进的过程。为加快实现肉鸡养殖场（户）与屠宰加工企业质量协同控制，第一，肉鸡养殖场（户）加强与屠宰加工企业的沟通交流，逐步扩大规模，提高产品质量，降低风险，增加收益，充分发挥动力机制的作用，减少系统正熵；第二，实现先进的供应链管理理念、公平合理的利益分配机制、成熟的消费理念、健全社会化服务体系、健全的行业协会，尽快增加系统负熵流；第三，建立完善的管理制度和先进的信息共享系统，并采用严格的质量标准，逐步健全法律法规体系并加强监督和管理，减少系统正熵。

（5）借鉴供应链质量控制问题相关研究成果，考虑供应链环境下鸡肉质量形成的动态性，运用博弈模型和数据模拟仿真技术，分析并验证了纳什非合作博弈、屠宰加工企业主导的斯塔克尔伯格主从博弈以及双方协同合作博弈三种情况下，肉鸡养殖场（户）的最优质量预防水平以及屠宰加工企业的最优质量预防水平和质量检验水平，明确了双方质量协同控制的实现条件。研究结果表明：肉鸡养殖场（户）与屠宰加工企业间的协同合作博弈整体上优于斯塔克尔伯格主从博弈；若鸡肉供应链总收益分配系数 $\sigma \in (0, 2/3)$，则肉鸡养殖场（户）与屠宰加工企业间的斯塔克尔伯格主从博弈严格优于双方间的纳什非合作博弈；当且仅当鸡肉供应链总收益分配系数满足 $\max\{2\omega/(\varphi+4\omega),(\omega-\varphi)/(2\omega-\varphi)\} \leq \sigma \leq \min\{4\omega/(\varphi+4\omega),\varphi/(2\varphi-\omega)\}$ 时，肉鸡养殖场（户）和屠宰加工企业的个体利润达到帕累托最优，双方才能实现质量协同控制。

（6）从肉鸡养殖场（户）、屠宰加工企业、政府、行业协会和消费者等层面提出了促进鸡肉供应链中肉鸡养殖场（户）与屠宰加工企业质量协同控制的对策建议。①肉鸡养殖场（户）应提高决策者的文化水平和专业素养；加强制度建设，规范质量行为；加强与屠宰加工企业的沟通和交流；扩大规模，提升企业的经营特征。②屠宰加工企业应提高信息共享水平，实现质量追溯体系；建立合理的利益分配与风险共担机制，促进供应链整体与个体最优；制定质量协同控制协调度评价体系，科学评估双方协调进度。③政府应出台行业支持政策，完善社会服务体系，完善质量监管的法律体系，并加强监管；加大基础设施投资，促进质量追溯制度的完善。④行业协会应制定行业标准，加强信息披露的功能、降低信息不对称，加强监督、完善行业内的惩罚制度。⑤消费者应培养成熟的消费理念，促进双方质量行为协调；增强信息反馈与维权意识，推动双方质量协同水平的提高；积极充分参与社会监督，行使消费者的监督权力。

8.2 研究展望

针对本研究的发展趋势以及不足，下一步的研究方向主要有以下两个方面。

（1）进一步研究肉鸡养殖场（户）与屠宰加工企业质量协同控制水平的评价体系和评价机制。质量协同控制评价体系和评价机制可以对肉鸡养殖场（户）和屠宰加工企业质量协同控制水平进行定量分析，评价结果更有说服力。拟采用层次分析法，建立层次分析模型，选取评价指标，并进行权重赋值，构建评价指标体系和评价机制。

（2）本研究运用博弈方法，深入系统地研究由单一养殖场（户）和单一屠宰加工企业组成的两环节鸡肉供应链质量协同控制机制，但这仍然是简化的模型。因为现实中，鸡肉质量安全状况取决于肉鸡养殖场（户）、屠宰加工企业和超市等鸡肉供应链全体成员的协同控制水平，且每一个屠宰加工企业面对的是众多的养殖场（户）和超市。文章缺少屠宰加工企业与多家肉鸡养殖场（户）以及与超市质量协同控制相关问题的研究。因此，后续研究需要在本研究的基础上，进一步用深入研究多家养殖场（户）与单一屠宰加工企业之间、屠宰加工企业与超市之间，以及三者之间的更为复杂的质量协同控制问题。

参考文献

安玉莲，孙世民，夏兆敏，2017. 国外畜产品质量控制的措施与启示［J］. 中国农业
　　资源与区划，38（3）：231－234.

安玉莲，孙世民，夏兆敏，2019. 畜产品供应链质量控制策略的博弈分析［J］. 中国
　　农业资源与区划，40（9）：49－56.

蔡天富，张景林，2006. 对安全系统运行机制的探讨－安全度与安全熵［J］. 中国安
　　全科学学报，16（3）：16－21.

常凯迪，2017. 基于质量安全的乳制品供应链分配问题分析［D］. 成都：西南交
　　通大学.

陈琼，王济民，2014. 中国肉鸡生产的成本收益与效率研究［M］. 北京：中国农业出
　　版社.

戴化勇，王凯，2007. 农业产业链管理与企业质量安全管理效率的关系研究［J］. 南
　　京农业大学学报（社科版），7（1）：43－47.

段远刚，林志军，2018. 质量成本管理对企业绩效影响的实证研究［J］. 经济与管理
　　研究，40（2）：120－130.

樊红平，2017. 中国农产品质量安全认证体系与运行机制研究［D］. 北京：中国农业
　　科学院.

费威，2013. 我国肉鸡供应链食品安全分析及对策研究［J］. 河北科技大学学报（社
　　会科学版），13（1）：11－16.

费威，2019. 农食产品制造商与零售商的质量安全努力水平研究［J］. 农林经济管理
　　学报，18（4）：502－512.

顾文婷，张玉春，2017. 关系契约协调供应链质量控制的 SD 模型及仿真［J］. 商业经
　　济研究（7）：19－21.

郭俊芳，武拉平，2013. 世界鸡肉主要出口国的竞争优势及发展潜力［J］. 世界农业，415（11）：16－19.

韩冰，2009. 朱兰的质量管理三部曲［J］. 企业改革与管理（9）：65－66.

洪江涛，黄沛，2011. 两级供应链上质量控制的动态协调机制研究［J］. 管理工程学报，25（2）：62－65.

侯杰泰，温忠麟，成子娟，2017. 结构方程及其应用［M］. 北京：教育科学出版社.

胡军，张镓，芮明杰，2013. 线性需求条件下考虑质量控制的供应链协调契约模型［J］. 系统工程理论与实践，33（3）：601－605.

胡凯，马士华，2013. 具有众多小型供应商的品牌供应链中的食品安全问题研究［J］. 系统科学与数学，33（8）：893－898.

黄小可，2019. 区块链技术及其在畜产品追溯中的应用［J］. 西南师范大学学报（自然科学版）（44）3：131－134.

黄小原，卢震，2003. 非对称信息条件下供应链管理质量控制策略［J］. 东北大学学报（自然科学版），24（10）：999－1001.

季天荣，2018. 影响我国冰鲜鸡质量安全的关键因素及控制措施研究［J］. 农产品质量与安全（2）：53－58.

姜金德，李帮义，周伟杰等，2015. 检测水平有限和外部损失分担下的供应链质量控制模型研究［J］. 运筹与管理，24（1）：27－32.

冷静，2007. 鸡肉供应链中的委托代理关系［D］. 北京：中国农业大学.

黎继子，周德翼，2004. 论国外食品供应链管理和食品质量安全［J］. 外国经济管理，26（12）：30－34.

黎英，2009. 供应链信息共享实现机制研究［J］. 物流技术（11）：46－50.

李建平，张存根，2000. 加入 WTO 对我国养猪业的影响及对策［J］. 农业经济问题（4）：13－17.

李俊营，陈红，姜润身，2019. 肉鸡养殖福利的评价方法与影响因素研究进展［J］. 中国家禽，41（24）：1－5.

李丽君，黄小原，庄新田，2005. 双边道德风险条件下供应链的质量控制策略［J］. 管理科学学报，8（1）：42－47.

林志航，2005. 产品设计与制造质量工程［M］. 北京：机械工业出版社.

刘栋，2004. 肉鸡饲料与药物残留的控制［J］. 山东家禽（10）：5－6.

刘铮，王波，周静等，2017. 肉鸡养殖户质量安全控制行为机理与实证研究［J］. 农业经济（3）：27 - 29.

罗峦，欧雪辉，2013. 农产品质量安全与供应链治理研究文献综述［J］. 经济论坛，
　　513（4）：101 - 103.

马士华，林勇，陈志祥，2000. 供应链管理［M］. 北京：机械工业出版社.

宁璟，2009. 中国肉鸡产品跨国供应链的信息追溯机制研究［D］. 扬州：扬州大学.

欧阳儒彬，辛翔飞，王济民，等，2019. 我国肉鸡质量成本弹性及质量水平测算——基
　　于质量成本函数模型［J］. 农业技术经济（6）：46 - 49.

彭建仿，2011. 农产品质量安全路径创新：供应链协同——基于龙头企业与农户共生的
　　分析［J］. 经济体制改革（4）：77 - 80.

彭玉珊，2013. 优质猪肉供应链中养殖与屠宰加工环节质量安全行为协调机制研究
　　［D］. 泰安：山东农业大学.

彭玉珊，孙世民，周霞，2011. 基于进化博弈的优质猪肉供应链质量安全行为协调机制
　　研究［J］. 运筹与管理，20（6）：114 - 119.

彭玉珊，张园园，2017. 政府与畜产品供应链质量控制的演化博弈仿真分析［J］. 山
　　东农业大学学报（社会科学版）（4）：30 - 36.

浦徐进，蒋力，刘焕明，2012. "农超对接" 供应链的质量控制与治理模式［J］. 北京
　　理工大学学报（社会科学版），14（3）：51 - 55.

阮平南，张敬文，2009. 基于熵理论的战略网络演化机理研究［J］. 科技进步与对策，
　　26（5）：16 - 18.

桑斯坦，2008. 权利革命之后：重塑规制国［M］. 北京：中国人民大学出版社.

沙玉圣，辛盛鹏，2008. 畜产品质量安全与生产技术［M］. 北京：中国农业大学出版
　　社（6）：1 - 13.

石丹，李勇健，2013. 基于契约和关系治理的供应链质量控制机制设计［J］. 运筹与
　　管理，23（2）：15 - 19.

孙京新，范文哲，周幸芝，等，2009. 鸡宰杀工艺对鸡肉质量控制的研究［J］. 肉类工
　　业，336（4）：26 - 29.

孙世民，2006. 基于质量安全的优质猪肉供应链建设与管理探讨［J］. 农业经济问题
　　（1）：70 - 73.

孙世民，2006. 优质猪肉供应链的特征与定位初探［J］. 农业现代化研究，27（6）：
　　460 - 462.

孙世民，2014. 基于博弈的二级猪肉供应链质量行为协调机制研究［J］. 运筹与管理，

23 （2）：98 - 105.

孙世民，李世峰，2004. 我国畜产品质量安全的问题、解决途径与对策 ［J］. 食品与发酵工业（9）：77 - 82.

孙世民，卢凤君，叶剑，2004. 我国优质猪肉生产组织模式的选择 ［J］. 中国畜牧杂志，40 （11）：32 - 34.

孙世民，卢凤君，叶剑，2004. 优质猪肉供应链中养猪场的行为选择机理及其优化策略研究 ［J］. 运筹与管理，13 （5）：105 - 110.

孙世民，唐建俊，2009. 基于耗散结构的优质猪肉供应链合作伙伴竞合演进机制与策略 ［J］. 农业系统科学与综合研究，25 （1）：39 - 44.

孙世民，张园园，2016. 基于养殖档案的畜产品供应链质量控制信号博弈分析 ［J］. 技术经济，35 （7）：64 - 70.

孙世民，张园园，2017. 基于进化博弈的猪肉供应链质量投入决策机制研究 ［J］. 运筹与管理，26 （5）：89 - 95.

谭明杰，李秉龙，2011. 基于质量控制的国际肉鸡产业组织形式比较分析 ［J］. 世界农业，390 （10）：4 - 8.

汤国辉，张锋，2010. 农户生猪养殖新技术选择行为的影响因素 ［J］. 中国农学通报，26 （14）：37 - 40.

汪普庆，周德翼，吕志轩，2009. 农产品供应链的组织模式与食品安全 ［J］. 农业经济问题（3）：8 - 12.

王彩玉，2011. 建立健全我国工伤预防机制的经济学研究 ［D］. 北京：北京交通大学.

王道平，朱梦影，王婷婷，2019. 考虑时间约束的生鲜供应链保鲜努力成本分担契约研究 ［J］. 工业工程与管理（7）.

王瑞梅，邓磊，吴天真，等，2017. 企业参与食品可追溯信息共享的机理研究 ［J］. 中国农业大学学报，（22）3：167 - 178.

王善霞，2012. 基于供应链的肉类食品可追溯体系 ［D］. 镇江：江苏大学.

王秀清，孙云峰，2002. 我国食品市场上的质量信号问题 ［J］. 中国农村经济（5）：27 - 32.

王玉环，2006. 中国畜产品质量安全研究 ［D］. 咸阳：西北农林科技大学.

吴强，张园园，孙世民，2016. 奶农与乳品加工企业质量控制策略演化分析——基于双种群进化博弈理论视角 ［J］. 湖南农业大学学报（社会科学版），17 （3）：21 - 27.

吴学兵，乔娟，2014. 养殖场（户）生猪质量安全控制行为分析 ［J］. 华南农业大学学报（社会科学版），13（1）：20 – 24.

夏英等，2001. 食品安全保障：从质量标准体系到供应链综合管理［J］. 农业经济问题（11）：59 – 62.

夏兆敏，2014. 优质猪肉供应链中屠宰加工与销售环节的质量行为协调机制研究［D］. 泰安：山东农业大学.

夏兆敏，孙世民，2013. 优质猪肉供应链质量行为协调的演进机制：熵理论的视角［J］. 农业经济问题（9）：92 – 97.

肖迪，潘可文，2012. 基于收益共享契约的供应链质量控制与协调机制［J］. 中国管理科学，20（4）67 – 73.

谢康，赖金天，肖静华，2015. 食品安全社会共治下供应链质量协同特征与制度需求［J］. 管理评论，27（2）：158 – 165.

徐日峰，张煜，胡建民，2013. 影响鸡肉品质因素的研究进展［J］. 江苏农业科学，41（2）：183 – 184.

杨伟民，胡振寰，2008. 中国乳业食品安全危机的根源及对策［J］. 中国畜牧杂志，44（22）：40 – 45.

尤建新，朱立龙，2010. 道德风险条件下的供应链质量控制策略研究［J］. 同济大学学报（自然科学版），38（7）：1092 – 1096.

于洪基，2015. 基于质量收益模型的质量水平研究［J］. 黑河学院学报（6）：53 – 57.

于自强，任禾，冯学俊，等，2019. 养殖业兽医社会化服务模式分析［J］. 中国动物检疫，36（3）：35 – 38.

余伟，陈海仪，何楚珺，等，2015. 冷鲜鸡供应链的风险因素调研分析［J］. 物流工程与管理，37（3）：132 – 135.

翟雪玲，韩一军 . 2008. 肉鸡产品价格形成、产业链成本构成及利润分配调查研究［J］. 农业经济问题（11）：20 – 25.

展进涛，徐萌，谭涛，2012. 供应链协作关系、外部激励与食品企业质量管理行为分析——基于江苏省、山东省猪肉加工企业的问卷调查［J］. 农业技术经济（2）：39 – 47.

张蓓，杨学儒，2015. 农产品供应链核心企业质量安全管理的多维模式及实现路径［J］. 农业现代化研究，36（1）：46 – 51.

张翠华，任金玉，2005. 新一代的供应链战略：协同供应链［J］. 东北大学学报（社会科学版），7（6）：406 – 410.

张冬玲，高齐圣，2009. 基于质量损失的过程网络及其关键质量链分析［J］. 运筹与管理（1）：151－155.

张根宝，纪富义，任显林等，2011. 面向产品制造过程的关键质量特性免疫预防控制模型［J］. 计算机集成制造系统，17（4）：791－799.

张红霞，2019. 双边道德风险下食品供应链质量安全协调契约研究［J］. 软科学，33（9）：99－105.

张瑞荣，2011. 中国肉鸡产品国际贸易贸易研究［D］. 北京：中国农业科学研究院.

张雅燕，涂少煜，2007. 畜产品供应链管理模式探讨［J］. 农业经济（4）：72－74.

张煜，汪寿阳，2010. 食品供应链质量安全管理模式研究——三鹿奶粉事件案例分析［J］. 管理评论（10）：67－74.

张子健，胡琨，2019. 基于供应链可追溯体系的产品质量控制两阶段契约研究［J］. 商业研究（7）：61－66.

赵志华，2009. 基于ISO22000构建鸡肉加工链食品安全管理体系研究［J］. 中国食物与营养（7）：10－12.

郑红军，2011. 农业产业化国家重点龙头企业产品质量安全控制研究——基于温氏集团和三鹿集团案例比较［J］. 学术研究（8）：90－95.

郑火国，2012. 食品安全可追溯系统研究［D］. 北京：中国农业科学院.

郑锦荣，2011. 猪肉产销一体化的模式及其动因研究［J］. 软科学，134（2）：99－103.

周朝琦，侯龙文，2001. 质量管理创新［M］. 北京：经济管理出版社.

周洁红，钱峰燕，马成武，2004. 食品安全管理问题研究与进展［J］. 农业经济问题（4）：26－31.

周俊男，2017. 可追溯性对供应链合作行为的作用机制研究［D］. 上海：上海交通大学.

周明，张异，李勇，等，2006. 供应链质量管理中的最优合同设计［J］. 管理工程学报，30（3）：120－122.

周应恒，王晓晴，耿献辉，2008. 消费者对加贴信息可追溯标签牛肉的购买行为分析——基于上海市家乐福超市的调查［J］. 中国农村经济（5）：22－32.

朱兰，2003. 朱兰质量手册［M］. 北京：中国人民大学出版社.

朱立龙，于涛，夏同水，2013. 两级供应链产品质量控制契约模型分析［J］. 中国管理科学，21（2）：71－77.

AHUMADA O，VILLALBOS J R，2009. Application of planning models in the agri-food supply chain: a review [J]. European journal of operational research (59): 1 – 20.

ANDERSON D L, LEE H L, 1999. Synchronized supply chains: the new frontier [J]. Achieving supply chain excellence through technology (1): 12 – 21.

ANDREI C, JOS B, STEFANO P, et al. , 2013. Quality in cooperatives versus investor-owned firms: evidence from broiler production in Paraná, Brazil [J]. Managerial and decision economics (3): 230 – 243.

ASAMA A, ONUR K, ANDREA A, 2019. Managing quality decisions in supply chain [J]. International journal of quality & reliability management, 37 (1): 34 – 52.

ASIRVATHAM J, BHUYAN S, 2018. Incentives and impacts of vertical coordination in a food production-marketing chain: a non-cooperative multistage, muti-player analysis [J]. Journal of industrial, competition and trade, 18 (1): 59 – 95.

BAIMAN S, FISCHER P E, RAJAN A V, 2001. Performance measurement and design in supply chains [J]. Management science, 47 (1): 173 – 188.

BAKER G, GIBBONS R, MURPHY K J, 2002. Relational contracts and the theory of the firm [J]. The quarterly journal of economics, 117 (1): 39 – 84.

BOGER S, 2001. Quality and contractual choice: a transaction cost approach to the polish hog market [J]. European review of agricultural economics, 28 (3): 241 – 262.

BUZBY J C, FRENZEN P D, 2019. Food safety and product liability [J]. Food policy, 24 (6): 637 – 651.

CASWELL J A, 1998. How labeling of safety and process attributes affects markets for food [J]. Agricultural and resource economics review, 27 (2): 151 – 158.

CHAO G H, IRAVANI S M R, CANAN R S, 2009. Quality improvement incentives and product recall cost sharing contracts [J]. Management science, 55 (7): 1122 – 1138.

CHARLES X W A, 2002. General framework of supply chain contract models [J]. Supply chain management: an international journal, 7 (5): 302 – 310.

COHEN W D, LEVINTHAL D A, 1990. Absorptive capacity: a new perspective on learning and innovation [J]. Administrative science quarterly, 35 (1): 128 – 152.

CORBETT C J, DECROIX G A, ALBERT Y H, 2005. Optimal shared-savings contracts in supply chains: linear contracts and double moral hazard [J]. European journal of operational research, 163 (3): 653 – 667.

CORBETT C J, GROOTE X D, 2000. A supplier's optimal quantity discount policy under asymmetric information [J]. Management science, 46 (3): 445 - 450.

DARBY M R, KARNI E , 1973. Free competition and the optimal amount of fraud [J]. Journal of law and economics, 16 (1): 67 - 88.

DOCKNER E J, JORGENSEN S, LONG S, 2000. Differential games in economics and management science [M]. Cambridge: Cambridge University Press: 97 - 103.

DYER J, SINGH H, 1998. The relational view: cooperative strategy and sources of inter-organizational competitive advantage [J]. Academy of management review, 23 (4): 660 - 679.

FEARE A, 2003. The evolution of partnerships in the meat supply chain: insight from the British beef industry [J]. Supply chain management (4): 214 - 231.

FOUAD E O, 2014. Supply quality management with optimal wholesale price and revenue sharing contracts: a two-stage game approach [J]. International journal of production economics, 156 (10): 260 - 268.

GAO C Y, CHENG T C, SHEN H C, 2016. Incentives for quality improvement efforts coordination in supply chains with partial cost allocation contract [J]. International journal of production research, 54 (20): 6216 - 6231.

GAUDER G, PIERRE L, LONG I V V, 1998. Real investment decisions under adjustment costs and asymmetric information [J]. Journal of economic dynamics and control, 23 (1): 71 - 95.

GIOVANNI P D, 2018. Closed-loop supply chain coordination through incentives with asymmetric information [J]. Annals of operations research, 253 (1): 133 - 167.

GOLAN E, KRISSOF B, KUCHLER F, et al. , 2004. Traceability in the U. S. food supply: economic theory and industry studies [J]. United States Department of Agriculture (9): 830 - 838.

GOODWIN J, SHIPTSOVA R, 2002. Changes in market equilibria resulting from food safety regulation in the meat and poultry industries [J]. The international food and agribusiness management review, 5 (1): 61 - 74.

GOSAIN S, MALHOTRA A, SAWY O, 2004. Coordinating for flexibility in e-business supply chains [J]. Journal of management information systems, 21 (3): 7 - 45.

HAYENGA M L, 1998. Global competitiveness of the U. S. pork sector, staff paper#301 [J]. ISU General Staff Papers (2): 61 - 75.

HAYENGA M L, 2000. Meat packer vertical integration and contract linkages in the beef and pork industries: an economic perspective [J]. American meat institute (5): 131 – 137.

HELENA L, ANNIKA O, 2010. Communicating imperceptible product attributes through traceability: a case study in an organic food supply chain [J]. Renewable agriculture and food systems, 25 (4): 263 – 271.

HENSON H, 2001. Private sector management of food safety: public regulation and the role of private controls [J]. International food and agribusiness management review (4): 7 – 17.

HOBBS J E, 1996. Transaction costs and slaughter cattle procurement: processors selection of supply channels [J]. Agribusiness, 12 (6): 509 – 509.

HOLWEG M, 2005. Supply chain collaboration: making sense of the strategy continuum [J]. European management journal, 23 (2): 170 – 181.

HSIHE C C, LIU Y T, 2010. Quality investment and inspection policy in a supplier-manufacturer supply chain [J]. European journal of operational research, 202 (8): 717 – 729.

JACQUES T, NEL W, 2013. Requirements of supply chain management in differentiating European pork chains [J]. Meat science (95): 719 – 726.

JANET P, DAVID B, ROBERT G, 1999. Broiler farm's organization, management and performance [J]. USDA, agriculture information bulletins (3): 1 – 35.

KARETSOS K, 2009. Economic impact of alternative contracts on Dutch broiler chain performance [D]. Wageningen: Wageningen University.

KAUFMAN A, WOOD C, THEYEL G, 2000. Collaboration and technology linkages: a strategic supplier typology [J]. Strategic management journal, 21 (6): 649 – 663.

KETZENBERG M, MARK E, 2010. Managing slow-moving perishables in the grocery industry [J]. Production engineering research and development, 17 (5): 513 – 521.

KLEINBENSTEIN J B, LAWRENCE J D, 1995. Contracting and vertical coordination in the United States pork industry [J]. American journal of agricultural economics (77): 1213 – 1218.

KNUDSEN D, 2003. Aligning corporate strategy, procurement strategy and e-procurement tools [J]. International journal of physical distribution & logistics management, 38

(8): 720 – 734.

KONUSPAYEVA G, FAYE B, LOISEAU G, et al. , 2006. Lactoferrin and immunoglobin content in camel milk from Kazakhstan [J]. Dairy sci. , 90 (3): 38 – 46.

KUEI C, MADU C, LIN C, 2011. Developing global supply chain quality management systems [J]. International journal of production research, 49 (15): 4457 – 4481.

LAMBERT D, EMMELHAINZ M, GARDNER J, 1999. Building successful logistics partnerships [J]. Journal of business logistics, 20 (1): 165 – 181.

LAMMING R, 1996. Squaring lean supply with supply chain management [J]. International journal of operations and production management, 10 (2): 183 – 196.

LI J L, LIU L W, 2006. Supply chain coordination with quantity discount policy [J]. International journal production economies, 101 (1): 89 – 98.

LUCIANO V, ROBERT P K, 2002. Vertical coordination and the design process for supply chains to ensure food quality [J]. Economic studies on food, agriculture and the environment (5): 57 – 87.

MARKE W, NEL W, 2010. Alignment between chain quality management and chain governance in EU pork supply chain [J]. Meat science (84): 228 – 237.

MARTIN L L, 1997. Production contracts, risk shifting, and relative performance payments in the pork industry [J]. Journal of agricultural & applied economics, 29 (2): 267 – 278.

MARTINEZ S W, 1999. Vertical coordination in the pork and broiler industries: implications for pork and chicken products [M]. Agricultural Economics Reports (4): 1 – 39.

MCCLUSKEY W, 2005. Collective reputation and quality [J]. American journal of agricultural economics (3): 87.

MEUWISSEN M P M, VAN DER I A, HUIRNE R B M, 2007. Consumer preferences for pork supply chain attributes [J]. NJAS Wageningen journal of life sciences, 54 (3): 67 – 82.

MIGULE T, 1996. Integrated planning for poultry production at Sadia [J]. Interfaces (1): 38 – 53.

MIN S, ROATH A S, DAUGHERTY P J, et al. , 2005. Supply chain collaboration: What's happening? [J]. International journal of logistics management, 16 (2): 237 – 256.

NARAYANAN V G, RAMAN A, 2004. Aligning incentives in supply chains [J]. Harvard business review, 82 (11): 94 – 102.

PHILLIP N, 1970. Information and consumer behavior [J]. Journal of political economy, 178 (2): 311 – 329.

PRAHALAD C K, HAMEL G, 1990. The core competence of the corporation [J]. Harvard business review, 68 (3): 79 – 91.

REID R D, 2003. Characteristic management [J]. Quality progress, 36 (11): 71 – 73.

REYNIERS D J, TAPIERO C S, 1995. Contract design and the control of quality in a conflictual environment [J]. European journal of operational research (82): 373 – 382.

ROBERTS T, BUZBY J C, OLLINGER M, 1996. Using benefit and cost information to evaluate a food safety regulation: HACCP for meat and poultry [J]. American journal of agricultural economics (5): 1297 – 1301.

SCHIAVO G, KORZENOWSKI A, SOARES B, et al., 2018. Customers´duality demands as directions to the cold chicken supply chain management [J]. Business process management journal, 24 (3): 771 – 785.

SIMATUPANG T, SRIDHARAN R, 2005. An integrative framework for supply chain collaboration [J]. International journal of logistics management, 16 (2): 257 – 274.

STARBIRD S A, 2000. Designing food safety regulations: the effect of inspection policy and penalties for noncompliance on food processor behavior [J]. Journal of agricultural and resource economics, 25 (2): 616 – 635.

STARBIRD S A, 2001. Penalties, rewards and inspection: provisions for quality in supply chain contracts [J]. Journal of operational research society, 52 (1): 109 – 115.

STARBIRD S A, 2005. Supply chain contracts and food safety choices: the magazine of food [J]. Farm & resource issues (2) 23 – 27.

STARBIRD S A, 2006. Do inspection and traceability provide incentives for food safety? [J]. Journal of Agricultural and Resource Economics, 31 (1): 14 – 26.

SWINNEN J, MCCLUSKEY J, 2006. Trade globalization and the media: introduction [J]. The world economy (26): 611 – 614.

TEECE D J, SHUEN A, 1997. Dynamic capabilities and strategic management [J]. Strategic management journal, 18 (7): 509 – 533.

TIM B, DAVID B, 2012. Identifying supply chain value using RFID-enabled distributed decision-making for food quality and assurance [J]. Decision-making for supply chain integration (3): 89 – 103.

TRIENEKENS J H, WOGNUM P M, ADRIE J M, et al., 2012. Transparency in complex dynamic food supply chains [J]. Advanced engineering informatics (1): 55 – 65.

VERWAAL E, HESSELMANS M, 2004. Drivers of supply network governance: an explorative study of the Dutch chemical industry [J]. European management journal, 22 (4): 442 – 451.

WANG C X, 2002. General framework of supply chain contract models [J]. Supply chain management: an international journal, 7 (5): 302 – 310.

WANG L, TING J S L, JACKY S L, et al., 2013. Design of supply-chain pedigree interactive dynamic explore (SPIDER) for food safety and implementation of Hazard Analysis and Critical Control Points (HACCPs) [J]. Computers & electronics in agriculture (90): 14 – 23.

WILLIAMSON O, 1997. Markets and hierarchies, Englewood Cliffs [M]. N. J.: Prentice-Hall.

WOODAS W K, DICKSON K W, CHIU Z W F, 2015. A collaborative food safety service agent architecture with alerts and trust [J]. Information system frontiers, 15 (4): 599 – 612.

WUYTS S, GEYSKENS I, 2005. The formation of buyer-supplier relationships: detailed contract drafting and close partner selection [J]. Journal of marketing, 69 (4): 103 – 117.

YAO Z, LEUNG S C, LAI K K, 2008. Manufacturer's revenue-sharing contract and retail competition [J]. European journal of operational research, 186 (2): 637 – 651.

ZHANG J, LIU G, ZHANG Q, 2015. Coordinating a supply chain for deteriorating items with a revenue sharing and cooperative investment contract [J]. The international journal of management science (56): 37 – 49.

ZHOU Y W, 2007. A comparison of different quantity discount pricing policies in a two-echelon channel with stochastic and asymmetric demand Information [J]. European journal of operational research, 181 (3): 686 – 703.

附录 A 鸡肉供应链质量
协同控制调查问卷：养殖场（户）

第一部分 肉鸡养殖场（户）的基本情况

1. 您隶属于_____省（市）_____县（区）；性别为：男（　）；女（　）

2. 您的年龄是：35 岁以下（　）；35 ~ 45 岁（　）；46 ~ 60 岁（　）；60 岁以上（　）

3. 您的文化程度是：小学及以下（　）；初中（　）；高中（　）；专科（　）；大学及以上（　）

4. 您的养殖场的方式：专业户（　）；规模养殖场（　）

5. 您的养殖场年销售收入：20 万元以下（　）；20 万 ~ 100 万元（　）；101 万 ~ 500 万元（　）；500 万元以上（　）

雇用工人数量：10 人以下（　）；10 ~ 20 人（　）；21 ~ 30 人（　）；31 ~ 40 人（　）；40 人以上（　）

年肉鸡出栏量是：2000 只以内（　）；2001 ~ 20 000 只（　）；20 000 ~ 100 000 只（　）；100 000 ~ 500 000 只（　）；500 000 只以上（　）

6. 您从事专业养鸡的年限是：1 ~ 3 年（　）；4 ~ 6 年（　）；7 ~ 10 年（　）；10 年以上（　）

7. 您的养鸡收入占总收入的比例是：不足 30%（　）；30% ~

49%（　　）；50%~80%（　　）；80%以上（　　）

第二部分　肉鸡养殖场（户）质量控制行为

（一）环境质量控制行为

1. 您认为肉鸡养殖环境标准对于保障鸡肉质量安全：很重要（　　）；重要（　　）；一般（　　）；不重要（　　）；很不重要（　　）

2. 对于肉鸡养殖环境标准，您的了解程度是：很了解（　　）；了解（　　）；一般（　　）；不了解（　　）；很不了解（　　）

3. 贵场（户）肉鸡养殖过程中采用什么样的环境标准：国家标准（　　）；行业标准（　　）；地方标准（　　）；企业标准（　　）；无（　　）

4. 贵场（户）对厂区内清洁消毒的频率是：每周1次（　　）；每月1次（　　）；每季度1次（　　）

5. 贵场（户）驱蝇灭鼠的频率是：每月1次（　　）；每3个月1次（　　）；每半年1次（　　）；从不（　　）

6. 对于鸡舍，外来人员和车辆：随便进入（　　）；登记后进入（　　）；登记并严格消毒方可进入（　　）；严禁进入（　　）

7. 病死鸡的处理方式：死前卖掉（　　）；死后扔掉（　　）；深埋法（　　）；焚烧法（　　）；化制法（　　）；加工出售（　　）；加工食用（　　）

8. 贵场（户）采用什么方式处理鸡粪：干燥法（　　）；发酵法（　　）；青贮法（　　）；膨化法（　　）；土地还原法（　　）

（二）投入品来源质量控制行为

1. 您认为企业投入品（鸡用的饲料、兽药和饮水等）的质量标准对保障鸡肉质量安全：很重要（　　）；重要（　　）；一般（　　）；不重要（　　）；很不重要（　　）

2. 对于现有的饲料质量及营养标准，您的了解程度是：很了解（　　）；

了解（　）；一般（　）；不了解（　）；很不了解（　）

3. 贵场（户）的投入品质量符合什么标准：国家标准（　）；行业标准（　）；地方标准（　）；企业标准（　）；无（　）

4. 您对肉鸡兽药标准（使用方法、剂量、有效期、疗程、休药期等）的了解程度：很了解（　）；了解（　）；说不清（　）；不了解（　）；很不了解（　）

5. 贵场（户）在购买饲料时是否与卖方签订质量合同：是（　）；否（　）

6. 贵场（户）对购买的饲料进行激素成分检测吗？经常（　）；偶尔（　）；从不（　）

7. 贵场（户）兽药来源渠道是：屠宰加工企业提供（　）；兽医开方并携带（　）；兽医开方，自由购买（　）；兽医开方，到指定兽药店购买（　）；不需开方，自由购买（　）；合作社统一购买（　）

8. 贵场（户）在购买兽药时是否与卖方签订质量合同：是（　）；否（　）

9. 贵场（户）用什么水供肉鸡饮用：深井水（　）；自来水（　）；池塘、库河水（　）

10. 贵场（户）是否对肉鸡饮用水和清洗水质量进行监测：经常（　）；偶尔（　）；从不（　）

（三）检疫检验质量控制行为

1. 您认为肉鸡疫病防控技术要点或标准对于保障鸡肉质量安全：很重要（　）；重要（　）；一般（　）；不重要（　）；很不重要（　）

2. 对于肉鸡的疫病防控技术要点或标准，您的了解程度：很了解（　）；了解（　）；一般（　）；不了解（　）；很不了解（　）

3. 贵场（户）疫病防控采用什么标准？国家标准（　）；行业标准（　）；地方标准（　）；企业标准（　）；无（　）

4. 贵场（户）的肉鸡生病后如何处理？请专业兽医来诊治（　）；到兽医院问诊（　）；到养鸡合作社就诊（　）；自己凭经验处理（　）

5. 若周边或贵场（户）发生肉鸡的传播性疾病时，是否对所养肉鸡采取捕杀措施：全部捕杀（　）；部分捕杀（　）；不捕杀（　）

6. 使用的兽药或疫苗来源：兽医开方并带来（　）兽医开方，到指定兽药店购买（　）；兽医开方，自由购买（　）；不需开方，自由购买（　）；养鸡合作社统一购买（　）；肉鸡屠宰加工企业提供（　）

7. 贵场（户）对兽药或疫苗注射器是如何使用的？一只鸡使用一个针头，或消毒后重复使用（　）；多只鸡使用一个针头（　）

8. 贵场（户）是否定期检查饲养员的健康状况？是，强制性检查（　）；是，非强制性检查（　）；偶尔检查（　）；从未检查过（　）

9. 贵场（户）质量检验检疫的内容包含（可多选）：病原监测（　）；抗体监测（　）；细菌耐药性监测（　）

（四）动物福利质量控制行为

1. 您认为肉鸡福利养殖标准对于保证鸡肉的质量：很重要（　）；重要（　）；说不清（　）；不重要（　）；很不重要（　）

2. 您对肉鸡福利养殖标准的了解程度：很了解（　）；了解（　）；说不清（　）；不了解（　）；很不了解（　）

3. 贵场（户）福利养殖采用什么标准？国际标准（　）；行业标准（　）；地方标准（　）；企业标准（　）；无（　）

4. 贵场（户）是否定时、定量给肉鸡饲喂营养配比合理的食物？是（　）；否（　）

5. 贵场（户）是否对有伤病的肉鸡及时诊治？是（　）；否（　）

6. 贵场（户）是否有惊吓、打骂等虐待肉鸡的行为？是（　）；否（　）

7. 贵场（户）能够为肉鸡提供的环境条件包括（可多选）：可控适宜的温度（　）；可控适宜的湿度（　）；良好的通风（　）；充足的光照（　）；干净、宽敞的生长空间（　）

（五）档案质量控制行为

1. 您认为肉鸡养殖档案的标准或要求对保证鸡肉质量安全：很重要（ ）；重要（ ）；说不清（ ）；不重要（ ）；很不重要（ ）

2. 对于现有的肉鸡养殖档案建立标准或要求，您的了解程度：很了解（ ）；了解（ ）；说不清（ ）；不了解（ ）；很不了解（ ）

3. 贵场（户）是否建立了肉鸡养殖档案？是（ ）；否（ ）

4. 如果已建，该档案符合什么标准？国家标准（ ）；行业标准（ ）；地方标准（ ）；企业标准（ ）；无（ ）

5. 如果已建立档案，主要记录哪些信息（可多选)？饲料、饲料添加剂和药品使用记录（ ）；繁育记录（ ）；消毒记录（ ）；免疫记录（ ）；诊疗记录（ ）；防疫监测记录（ ）；病死鸡无害化处理记录（ ）

6. 已建档案的保存期限：1 年（ ）；2 ~ 3 年（ ）；4 ~ 5 年（ ）；5 年以上（ ）

7. 您对肉鸡佩戴脚环的作用：熟悉（ ）；比较熟悉（ ）；有所了解（ ）；听说过（ ）；不知道（ ）

8. 贵场（户）饲养的肉鸡是否佩戴脚环？是（ ）；否（ ）

9. 如果佩戴了脚环，会经常更新脚环的信息吗？经常（ ）；偶尔（ ）；从不（ ）

（六）设施配置质量控制行为

1. 您认为饲养设施配置标准对保证鸡肉质量安全：很重要（ ）；重要（ ）；说不清（ ）；不重要（ ）；很不重要（ ）

2. 贵场（户）对饲养设施配置标准的了解程度：很了解（ ）；了解（ ）；说不清（ ）；不了解（ ）；很不了解（ ）

3. 贵场（户）饲养设施配置采用什么标准？国家标准（ ）；行业标准（ ）；地方标准（ ）；企业标准（ ）；无（ ）

4. 贵场（户）的鸡舍属于下列哪种？密闭式（ ）；半开放式（ ）；开放式（ ）

5. 贵场（户）的喂饲方式为？人工饲喂（　　）；半机械饲喂（　　）；机械饲喂（　　）

6. 贵场（户）是否拥有自动饮水器？是（　　）；否（　　）

7. 若拥有自动饮水器，则饮水器类型为：乳头式饮水器（　　）；杯式饮水器（　　）

8. 贵场（户）鸡舍的设施包括（可多选）：纵向风机（　　）；侧向风机；水帘降温（　　）；淋浴系统（　　）；暖风炉增温（　　）；温度和湿度自动控制（　　）

9. 贵场（户）饲养设备的总体水平是：国际先进（　　）；国内先进（　　）；省内先进（　　）；地区先进（　　）

10. 贵企业是否有完善的计算机网络设施？是（　　）；否（　　）

11. 如果有，主要用于哪些方面（可多选）？档案管理（　　）；内部人员间信息传递（　　）；生产管理（　　）；合作伙伴间交流沟通（　　）；员工培训学习（　　）；质量追溯（　　）

第三部分　与屠宰加工企业质量协同控制状况

1. 贵场（户）是否与屠宰加工厂就肉鸡质量问题签订了合同？是（　　）；否（　　）

若签订合同，期限是：1年（　　）；2~3年（　　）；4~5年（　　）；5年以上（　　）

2. 市场或有关部门发现鸡肉产品质量有问题，如责任无法明确，造成的损失如何分担？双方按比例分摊（　　）；场户独立承担（　　）；屠宰加工企业独立承担（　　）

3. 如果您提供的肉鸡质量不好，屠宰加工企业是否给予您一定的惩罚？是（　　）；否（　　）

4. 如果您一直提供优质肉鸡，屠宰加工企业是否给予您一定的物质或精神奖励？是（　　）；否（　　）

5. 屠宰加工企业是否对贵场（户）的质量安全活动进行指导监督，或进行质量信息的沟通交流？经常（　　）；偶尔（　　）；从不（　　）

6. 如果屠宰加工企业进行监督指导或沟通交流，主要有哪些方面（可多选）？环境维护与保持（　　）；投入品选用（　　）；动物福利条件改善（　　）；养殖档案建设管理（　　）；疫病防疫与诊疗（　　）；设施选择配置（　　）；生产管理（　　）；员工技能培训（　　）

7. 贵场（户）是否根据屠宰加工企业的要求和指导，改善质量控制行为？经常（　　）；偶尔（　　）；从不（　　）

8. 贵场（户）如何看待供应链的质量协同控制行为：是一种道德责任，应全面开展（　　）；是一种未来趋势，但目前条件不具备（　　）；没必要（　　）

9. 当地政府是否鼓励支持实施质量协同控制行为：非常支持（　　）；支持（　　）；说不清（　　）；不支持（　　）；很不支持（　　）

10. 实施质量协同控制行为，能够提高肉鸡质量安全水平，但需要付出更多的代价、学习更多的知识和技术，贵场（户）是否愿意？不愿意（　　）；比较愿意（　　）；愿意（　　）

11. 如果贵场（户）愿意采用质量协同控制行为，动机是（可多选）：提高肉鸡质量（　　）；增加收益（　　）；降低成本（　　）；降低风险（　　）；提高肉鸡行业竞争优势（　　）；　满足鸡肉消费者需求（　　）

12. 如果贵场（户）不愿意采用质量协同控制行为，主要原因是什么（可多选）？认为没必要（　　）；自身质量控制能力有限（　　）；缺乏完善的信息共享平台（　　）；政府、行业协会或屠宰加工企业没有要求（　　）；市场竞争压力不大（　　）；政府对肉鸡质量的监管力度不强（　　）；市场对优质鸡肉的需求不多（　　）；其他养殖场（户）也不采用（　　）

13. 如果贵场（户）还未采用质量协同控行为，其他养殖场（户）已实施质量协同控制行为，且有明显的好处，贵场（户）是否也愿意跟进？不愿意（　　）；比较愿意（　　）；愿意（　　）。

附录 B 鸡肉供应链质量
协同控制调查问卷：屠宰加工企业

第一部分 屠宰加工企业的基本概况

1. 贵企业隶属于省（市）县（区），已从事肉鸡屠宰加工_____年，目前每年屠宰加工肉鸡_____万只，拥有职工_____人

2. 贵企业的年利润：100 万元以下（ ）；100 万～1000（不含）万元（ ）；1000 万～5000 万元（ ）；5000 万元以上（ ）

3. 贵企业取得了哪一类资质：国家级龙头企业（ ）；省级龙头企业（ ）；市级龙头企业（ ）

4. 贵企业的主要业务是（最多选二项）：肉鸡屠宰（ ）；肉鸡分割加工（ ）；熟食加工（ ）

5. 贵企业的主导产品是：冰鲜产品（ ）；冷冻产品（ ）；熟食品（ ）；调理品及其他深加工产品（ ）

6. 贵企业决策者的性别为：男（ ）；女（ ）

7. 贵企业决策者的年龄为：35 岁以下（ ）；35～45 岁（ ）；46～60 岁（ ）；60 岁以上（ ）

8. 贵企业决策者的文化水平是：初中及以下（ ）；高中（ ）；大专（ ）；本科及以上（ ）

第二部分　肉鸡屠宰加工企业质量控制行为

（一）环境质量控制行为

1. 贵企业认为在肉鸡加工、运输、储存过程中环境质量标准对于保证鸡肉质量安全：很重要（　）；重要（　）；说不清（　）；不重要（　）；很不重要（　）

2. 您对肉鸡加工、运输、储存过程中环境质量标准的了解程度：很了解（　）；了解（　）；说不清（　）；不了解（　）；很不了解（　）

3. 贵企业肉鸡屠宰过程中的环境符合什么标准？国家标准（　）；行业标准（　）；地方标准（　）；企业标准（　）；无（　）

4. 贵企业对厂区内部进行清洁消毒的频率是：每周2次（　）；每周1次（　）；每两周1次（　）；每月1次（　）；每季度1次（　）；半年1次（　）

5. 贵企业驱蚊灭鼠的频率是：每月1次（　）；每3个月1次（　）；每半年1次（　）；从不（　）

6. 贵企业废弃物处理方式是：扔掉（　）；深埋（　）；焚烧（　）；化制法（　）

7. 对于贵企业的屠宰场、加工车间、冷藏车间，外来人员和车辆：随便进入（　）；登记后进入（　）；登记并严格消毒方可进入（　）；严禁进入（　）

8. 贵企业是否分设人员和生鲜鸡肉进出的专用门或通道？是（　）；否（　）

（二）投入品来源质量控制行为

1. 您认为企业投入品（肉鸡、水、生产设备等）质量标准对于保障鸡肉质量安全：很重要（　）；重要（　）；说不清（　）；不重要（　）；

很不重要（　　）

2. 您对投入品质量标准的了解程度：很了解（　　）；了解（　　）；说不清（　　）；不了解（　　）；很不了解（　　）

3. 贵企业投入品符合什么质量标准？国家标准（　　）；行业标准（　　）；地方标准（　　）；企业标准（　　）；无（　　）

4. 贵企业对购买的肉鸡进行抗生素和激素成分检测吗？经常（　　）；偶尔（　　）；从不（　　）

5. 贵企业的待宰肉鸡来源主要是（最多选三项）：自养（　　）；合同养殖基地（　　）；商贩送来（　　）；养殖场户送来（　　）；肉鸡合作经济组织送来（　　）

6. 贵企业是否要求供应方三证齐全（非疫区证、检疫证、准运证）：是（　　）；否（　　）

7. 您认为对鸡肉质量安全产生较大影响的投入品是（可多选）：待宰肉鸡质量（　　）；生产用水质量（　　）；包装材料质量（　　）；洗涤剂、消毒剂、杀虫剂和化学试剂安全性（　　）；生产设备的卫生状况（　　）

（三）检疫检验质量控制行为

1. 您认为肉鸡屠宰前后检疫检验标准和程序对于保障鸡肉质量安全：很重要（　　）；重要（　　）；说不清（　　）；不重要（　　）；很不重要（　　）

2. 您对肉鸡屠宰前后检疫检验标准的了解程度：很了解（　　）；了解（　　）；说不清（　　）；不了解（　　）；很不了解（　　）

3. 贵企业质量检验检疫符合什么标准？国家标准（　　）；行业标准（　　）；地方标准（　　）；企业标准（　　）；无（　　）

4. 贵企业是否对肉鸡进行宰后检疫检验？是（　　）；否（　　）

5. 贵企业对第三方检验有关情况的了解程度：很了解（　　）；了解（　　）；说不清（　　）；不了解（　　）；很不了解（　　）

6. 贵企业的鸡肉监督检测中，是否引入了第三方检验？是（　　）；否（　　）

7. 贵企业是否定期检查员工的健康状况？是，强制检查（　　）；是，

非强制检查（　　）；偶尔检查（　　）；从未检查过（　　）

8. 贵企业质量检验检疫的主要内容是（可多选）：肉鸡精神状态（　　）；饮食状态（　　）；胴体检验（　　）；内脏检验（　　）

（四）设施配置的质量控制行为

1. 您认为设施配置标准对于保障鸡肉质量安全：很重要（　　）；重要（　　）；说不清（　　）；不重要（　　）；很不重要（　　）

2. 贵企业对于肉鸡屠宰加工设施配置标准：很了解（　　）；了解（　　）；说不清（　　）；不了解（　　）；很不了解（　　）

3. 贵企业的屠宰加工设施符合什么标准？国家标准（　　）；行业标准（　　）；地方标准（　　）；企业标准（　　）；无（　　）

4. 贵企业为运输生鲜鸡肉，使用的运输工具为（可多选）：普通货车（　　）；冷藏汽车（　　）；保温汽车（　　）；冷藏火车（　　）；保温火车（　　）；冷藏集装箱（　　）

5. 贵企业对屠宰和加工车间能做到（可多选）：远离污染源（　　）；专人管理（　　）；定期消毒（　　）；冷藏温度控制适当（　　）；分类专室储藏（　　）；配备防鼠防霉设施（　　）；肉品隔墙离地放置（　　）；先进先出（　　）

6. 贵企业应用的包装技术是（可多选）：真空包装（　　）；气调包装（　　）；可食性膜包装（　　）；其他（　　）

7. 贵企业使用的冷藏储存设备为：普通储藏柜（　　）；敞开式冷藏柜或冰柜（　　）；封闭式冷藏或冷冻柜（　　）

8. 贵企业生产采用设备的先进程度属于：国际先进（　　）；国内先进（　　）；省内先进（　　）；一般（　　）

9. 贵企业是否有完善的计算机网络设施？是（　　）；否（　　）

10. 如果有，主要用于哪些方面（可多选）？档案管理（　　）；内部人员间信息传递（　　）；生产管理（　　）；合作伙伴间交流沟通（　　）；员工培训学习（　　）；质量追溯（　　）

（五）动物福利质量控制行为

1. 您认为动物福利标准对鸡肉产品质量安全：很重要（　）；重要（　）；说不清（　）；不重要（　）；很不重要（　）

2. 您对畜禽在运输及屠宰环节动物福利标准的了解程度：很了解（　）；了解（　）；说不清（　）；不了解（　）；很不了解（　）

3. 贵企业的动物福利符合什么标准？国家标准（　）；行业标准（　）；地方标准（　）；企业标准（　）；无（　）

4. 您是否了解山东省地方标准《肉鸡福利屠宰技术规范》？是（　）；否（　）

5. 贵企业是否有惊吓、打骂等虐待肉鸡的行为？是（　）；否（　）

6. 在运输、装卸、屠宰等过程中，贵企业是否会采取措施降低应激反应？是（　）；否（　）

（六）生产档案质量控制行为

1. 您认为建立鸡肉质量安全档案标准对于保证产品质量安全：很重要（　）；重要（　）；说不清（　）；不重要（　）；很不重要（　）

2. 您对现行的鸡肉质量安全标准的了解程度：很了解（　）；了解（　）；说不清（　）；不了解（　）；很不了解（　）

3. 贵企业是否建立了鸡肉质量安全档案？是（　）；否（　）

4. 如果建立，改档案符合什么标准？国家标准（　）；行业标准（　）；地方标准（　）；企业标准（　）；无（　）

5. 如果已建立档案，主要记录哪些信息？肉鸡来源（　）；关键点监控控制记录（　）；宰前检验记录（　）；宰中检验记录（　）；宰后检验记录（　）；废弃处理记录（　）；监控设备检验记录（　）

6. 已建档案的保存时间：1年（　）；2～3年（　）；4～5年（　）；5年以上（　）

7. 贵企业是否有质量安全追溯系统？有（　）；无（　）

8. 若有，可追溯到哪些环节？物流部门（　）；养殖场户（　）；饲

料供应者（ ）；兽药供应者（ ）

第三部分　与肉鸡养殖场（户）质量协同控制

1. 贵企业是否与养殖场（户）就鸡肉质量问题签订了合同？是（ ）；否（ ）

2. 若签订合同，期限是：1 年（ ）；2～3 年（ ）；4～5 年（ ）；5 年以上（ ）

3. 市场或有关部门发现鸡肉产品质量问题，如责任无法明确，造成的损失如何分担？超市独立承担（ ）；屠宰加工企业独立承担（ ）；三方按比例分摊（ ）；养殖场户不分担（ ）

4. 贵企业是否和养殖场（户）进行质量安全信息的沟通交流？经常（ ）；偶尔（ ）；从不（ ）

5. 如果进行沟通交流，主要有哪些方面（可多选)？环境维护（ ）；投入品来源（ ）；检疫检验（ ）；设施配置（ ）；档案管理（ ）；员工培训（ ）；质量标准与追溯（ ）；市场信息（ ）

第四部分　与超市质量协同控制

1. 贵企业是否与超市就鸡肉质量问题签订了合同？是（ ）；否（ ）
2. 若签订合同，期限是：1 年（ ）；2～3 年（ ）；4～5 年（ ）；5 年以上（ ）

3. 市场或有关部门发现鸡肉产品质量有问题，如责任无法明确，造成的损失如何分担？双方按比例分摊（ ）；场户独立承担（ ）；屠宰加工企业独立承担（ ）

4. 如果您提供的肉鸡质量不好，超市是否给予您一定的惩罚？是（ ）；否（ ）

5. 如果您一直提供优质肉鸡，超市是否给予您一定的物质或精神奖励？是（　）；否（　）

6. 屠宰加工企业是否和贵超市进行质量安全信息的沟通交流？经常（　）；偶尔（　）；从不（　）

7. 如果进行沟通交流，主要有哪些方面（可多选）？环境维护（　）；投入品来源（　）；检疫检验（　）；设施配置（　）；档案管理（　）；员工培训（　）；质量标准与追溯（　）；市场信息（　）

8. 贵企业是否根据超市的要求和指导，改善质量控制行为？经常（　）；偶尔（　）；从不（　）

9. 贵企业看待质量协同控制的态度：很有必要，应尽快实施（　）；是未来趋势，但目前条件不具备（　）；没必要（　）

10. 当地政府是否鼓励、支持贵企业与超市进行质量协同控制？非常支持（　）；支持（　）；说不清（　）；不支持（　）；很不支持（　）

11. 实施质量协同控制行为，能够提高鸡肉质量安全水平，但需要付出更多的代价、学习更多的知识和技术，贵企业是否愿意？不愿意（　）；比较愿意（　）；愿意（　）

12. 如果贵场（户）愿意采用质量协同控制行为，动机是什么（可多选）：提高肉鸡质量（　）；增加收益（　）；降低成本（　）；降低风险（　）；提高肉鸡行业竞争优势（　）；满足鸡肉消费者需求（　）

13. 如果贵企业不愿意采用质量协同控制行为，主要原因是什么？认为没必要（　）；自身质量控制能力有限（　）；缺乏完善的信息共享平台（　）；政府、业协会或屠宰加工企业没有要求（　）；市场竞争压力不大（　）；政府对鸡肉质量的监管力度不强（　）；市场对优质鸡肉的需求不多（　）；其他企业也不采用（　）

14. 如果贵企业还未采用质量协同控行为，但同行业中的主要竞争对手实施质量协同控制行为，贵企业是否也愿意跟进？不愿意（　）；比较愿意（　）；愿意（　）